理工学のための

線形代数

長澤壯之 編著

江頭信二・榎本裕子・古城知己・鈴木輝一
矢口裕之・栁瀬郁夫
共著

培風館

本書の無断複写は，著作権法上での例外を除き，禁じられています。
本書を複写される場合は，その都度当社の許諾を得てください。

まえがき

　線形代数学は，微分積分学とならんで自然科学の基礎となる数学的道具として，理工系の学生がその分野を問わず，大学初年時に学ぶものである．その意味で，車輪の両輪である．同じシリーズで出版しているものは，同じコンセプトで書かれている (はずである) ので，同時期の講義で教科書として用いるならば，両分野のものがそろっていた方がよい．

　このシリーズは，自学自習用のガチガチの専門書と，紙芝居の台本のような教科書の中間を狙ったものである．本書の内容を講義ですべてを取り上げるには，たとえ 1 年間の 30 回の講義であれ，いささか分量が多い．一方で，講義で扱うもののみにそぎ落としてしまうと，いざ，その先を調べようとすると，他の専門書に当たらなくてはならない．講義で触れられなくとも，理工系の学生であれば，ぜひ知っておいてほしいことを盛り込んだ結果である．

　本書の目的は，なるべく他の書物を参照することなく，線形代数学の基本的な概念と実際の計算方法が一通り身に付けられるよう工夫したつもりである．他の書物を参照した箇所は，本書と異なる方法による行列式の定義 (第 2 章) と Jordan の標準形 (第 5 章) である．厳密な理論を構築する「数学科向けの線形代数学」の書物ではない．線形代数学が，数学以外の理学・工学に使われることを知ってもらうため，例題や問・章末問題の一部に，そのような応用問題をいくつか取り上げた．

　本書の執筆陣は，埼玉大学の理学部・工学部の教員，芝浦工業大学のシステム理工学部の教員である．数学科の教員のみでなく，工学系の教員も含まれ，「数学科向け」以外の線形代数学の講義に適合するよう配慮した．執筆陣が多いが故の書き方のバラつきが生じないように心掛けた．また，高等学校の新指導案では，高等学校から行列が削除されるため，その分を従来の書物より丁寧に書いたつもりである．

培風館の 斉藤 淳 氏出版の企画段階から終始お世話になった。度重なる脱稿の遅れを辛抱強く待ち続けていただいたことに，重ねて御礼申し上げる。

平成 25 年正月

著者一同

目　　次

0　複素数，ベクトルと空間図形　　1
- 0.1　複素数・複素数平面　　1
- 0.2　極形式，de Moivre の公式　　4
- 0.3　Euler の公式　　7
- 0.4　ベクトルの演算・基本ベクトル　　9
- 0.5　ベクトルの内積・外積　　11
- 0.6　空間図形の方程式（直線・平面・球面）　　15
- 章末問題 0　　19

1　行　　列　　21
- 1.1　行列とその演算　　21
- 1.2　逆　行　列　　31
- 1.3　行列と 1 次変換　　34
- 1.4　連立 1 次方程式の行列表現　　38
- 章末問題 1　　40

2　行　列　式　　42
- 2.1　行列式の定義　　42
- 2.2　行列式の性質　　51
- 2.3　行列式の計算法　　61
- 2.4　逆行列の計算法　　64
- 章末問題 2　　69

3 連立1次方程式　　72

- 3.1 掃き出し法 72
- 3.2 解空間と行列の階数 77
  - 3.2.1 解空間 77
  - 3.2.2 行列の階数 80
  - 3.2.3 掃き出し法による逆行列の求め方 90
- 3.3 Cramer の公式 92
  - 3.3.1 2元連立1次方程式の Cramer の公式 92
  - 3.3.2 n 元連立1次方程式の Cramer の公式 94
- 章末問題 3 97

4 線形空間　　99

- 4.1 線形空間 99
- 4.2 1次独立・1次従属 103
- 4.3 ベクトルの組の階数 112
- 4.4 基底と次元 116
- 章末問題 4 124

5 行列の対角化・Jordan 標準形　　126

- 5.1 正規直交系 126
- 5.2 固有値・固有ベクトル 134
- 5.3 行列の対角化 140
- 5.4 対角化の応用 155
  - 5.4.1 2次形式とその標準形 155
  - 5.4.2 2次曲線の分類 158
- 5.5 Jordan の標準形 163
- 章末問題 5 164

問と章末問題の解答　　167

索　引　　191

0
複素数，ベクトルと空間図形

 これまで，自然数をはじめとして，整数，有理数，無理数，実数と数を拡張してきた．この章では，まず，実数をさらに拡張した複素数について学ぶ．次に，平面あるいは空間のベクトルについて，その演算や基本的性質，空間図形の方程式を学ぶ．

0.1 複素数・複素数平面

 実数全体の集合を $\mathbb{R}$ で表す．x が実数のとき，$x^2 \geq 0$ であるから，方程式 $x^2+1=0$ は実数の解をもたない．そこで，2乗して -1 となる "新しい数" を導入する．これを i と表し，**虚数単位**とよぶ．これにより，方程式 $x^2+1=0$ は $x=\pm i$ という解をもつことになる．一般に，負の実数の平方根を虚数単位 i を用いて，
$$\sqrt{-a} = \sqrt{a}\,i \quad (a>0)$$
と定める．

 実数 a, b を用いて $a+bi$ あるいは $a+ib$ と表される数を**複素数**という．複素数全体の集合を $\mathbb{C}$ で表す．複素数 $\alpha = a+bi$ について，a を α の**実部**といい，$\mathrm{Re}\,\alpha$ で表し，b を α の**虚部**といい，$\mathrm{Im}\,\alpha$ で表す．

注意 0.1 複素数 α は $\mathrm{Im}\,\alpha = 0$ のとき実数である．また，$\mathrm{Im}\,\alpha \neq 0$ のとき α を**虚数**という．特に，$\mathrm{Re}\,\alpha = 0$ かつ $\mathrm{Im}\,\alpha \neq 0$ のとき α を**純虚数**という．

 複素数の相等については，
$$a+bi = c+di \iff a=c,\ b=d \quad (a, b, c, d \in \mathbb{R})$$
と定める．特に，$a+bi = 0 \iff a=0,\ b=0$ である．

複素数の四則演算は

(1) $(a+bi)+(c+di)=(a+c)+(b+d)i,$
(2) $(a+bi)-(c+di)=(a-c)+(b-d)i \quad (a,\ b,\ c,\ d \in \mathbb{R}),$
(3) $(a+bi)(c+di)=(ac-bd)+(ad+bc)i,$
(4) $\dfrac{a+bi}{c+di}=\dfrac{(a+bi)(c-di)}{(c+di)(c-di)}=\dfrac{ac+bd}{c^2+d^2}+\dfrac{bc-ad}{c^2+d^2}i$
(ただし，$c+di \neq 0$)

で定める。

例 0.1 次の複素数を $a+bi$ の形に変形する。
$$\frac{3+2i}{2-3i}=\frac{(3+2i)(2+3i)}{(2-3i)(2+3i)}=\frac{6+9i+4i+6i^2}{2^2-(3i)^2}=\frac{13i}{13}=i.$$

問 0.1 次の複素数を $a+bi$ の形に変形せよ。
(1) $(5-8i)+(2+3i)$, (2) $(4+3i)-(-5+i)$, (3) $(1-2i)(3+4i)$,
(4) $\dfrac{1-3i}{2+i}.$

定理 0.1 $\alpha,\ \beta \in \mathbb{C}$ に対して，
$$\alpha\beta=0 \iff \alpha=0 \text{ または } \beta=0$$
が成り立つ。

問 0.2 定理 0.1 を証明せよ。

複素数 $\alpha=a+bi$ に対して，$a-bi$ を α の**共役な複素数**といい，$\bar{\alpha}$ で表す。互いに共役な複素数の和，積は
$$(a+bi)+(a-bi)=2a, \qquad (a+bi)(a-bi)=a^2+b^2$$
となる。これらは，いずれも実数である。また，共役複素数の演算について，

(1) $\overline{\alpha+\beta}=\bar{\alpha}+\bar{\beta},$ (2) $\overline{\alpha-\beta}=\bar{\alpha}-\bar{\beta},$
(3) $\overline{\alpha\beta}=\bar{\alpha}\bar{\beta},$ (4) $\overline{\left(\dfrac{\alpha}{\beta}\right)}=\dfrac{\bar{\alpha}}{\bar{\beta}} \quad (\beta \neq 0)$

が成り立つ。

0.1 複素数・複素数平面

問 0.3 上の関係式を確かめよ。

複素数 $\alpha = a + bi$ に対して，$\sqrt{a^2 + b^2}$ を α の**絶対値**といい，$|\alpha|$ または $|a + bi|$ で表す。すなわち，

$$|\alpha| = |a + bi| = \sqrt{a^2 + b^2}$$

である。一方，$\alpha\overline{\alpha} = (a + bi)(a - bi) = a^2 + b^2$ であるから，$|\alpha|^2 = \alpha\overline{\alpha}$ となる。よって，

$$|\alpha| = \sqrt{\alpha\overline{\alpha}}$$

が成り立つ。

注意 0.2 α が実数のときは，$\alpha = a + 0i$ であるから，

$$|\alpha| = \sqrt{a^2 + 0^2} = \sqrt{a^2}$$

となる。これより，複素数の絶対値の定義は，実数の絶対値の定義と矛盾しないことがわかる。

例 0.2 $|3 - 4i| = \sqrt{3^2 + (-4)^2} = \sqrt{25} = 5$

問 0.4 次の複素数の絶対値を求めよ。
(1) $5i$,　　　(2) $1 + \sqrt{3}i$.

実数は数直線上の点で表すことができた。複素数 $\alpha = a + bi$ は2つの実数の組 (a, b) からなるので，平面上の点として表すことができる。つまり，図0.1に示すように，座標平面上で複素数 $\alpha = a + bi$ に対して，点 (a, b) を対応させると，複素数と座標平面上の点は1つずつ，もれなく対応する。このように，各点 (a, b) が複素数 $\alpha = a + bi$ を表している平面を**複素数平面**または **Gauss (ガウス) 平面**という。複素数平面では，横軸を**実軸**，縦軸を**虚軸**という。

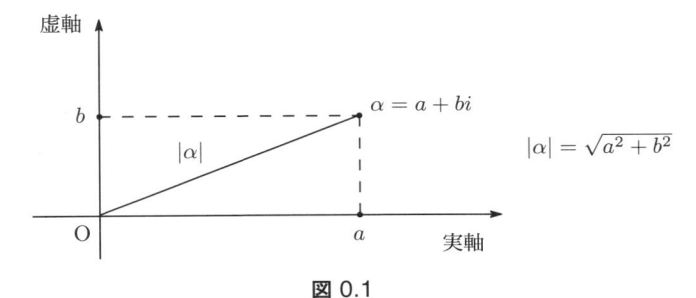

図 0.1

複素数平面上で, 2 つの複素数 $\alpha = a+bi$, $\beta = c+di$ の和 $\alpha+\beta$ と差 $\alpha-\beta$ を考える。

$$\alpha+\beta = (a+c)+(b+d)i, \qquad \alpha-\beta = (a-c)+(b-d)i$$

であるから, 点 $\alpha+\beta$ は, 点 α を実軸方向に c, 虚軸方向に d だけ平行移動した点であり (図 0.2), 点 $\alpha-\beta$ は, 点 α を実軸方向に $-c$, 虚軸方向に $-d$ だけ平行移動した点である (図 0.3)。

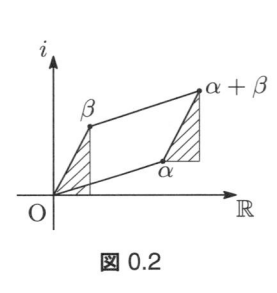

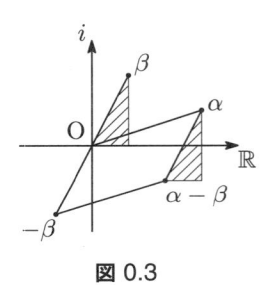

図 0.2

図 0.3

0.2 極形式, de Moivre の公式

複素平面上において, 0 でない複素数 $\alpha = a+bi$ が表す点を P とする。

P と原点 O との距離を r, 線分 OP が実軸の正の部分となす角を θ とすれば,

$$a = r\cos\theta, \quad b = r\sin\theta$$

であるから,

$$\alpha = r(\cos\theta + i\sin\theta)$$

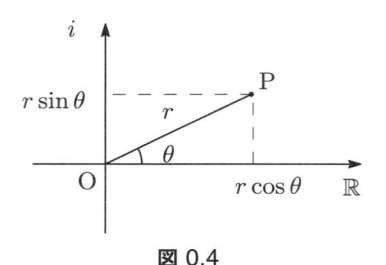

図 0.4

と表される。これを, 複素数 α の**極形式**という。ここで, $r = |\alpha|$ であり, 角 θ を複素数 α の**偏角**といい, $\arg\alpha$ で表す。$\alpha = 0$ に対しては, $|0| = 0$ であるが, 偏角は定義されない。

注意 0.3 複素数 α の偏角 θ は, $0 \leqq \theta < 2\pi$ の範囲では唯一通りに定まる。一般には, α の偏角の一つを θ_0 とすると,

$$\arg\alpha = \theta_0 + 2n\pi \qquad (n = 0, \pm 1, \pm 2, \cdots)$$

である。

0.2 極形式, de Moivre の公式

2つの複素数 α, β の積と商に関しては,極形式を利用すると図形的な意味がよくわかる。0 でない 2 つの複素数を

$$\alpha = r_1(\cos\theta_1 + i\sin\theta_1), \qquad \beta = r_2(\cos\theta_2 + i\sin\theta_2)$$

とすると,加法定理により,

$$\begin{aligned}
\alpha\beta &= r_1(\cos\theta_1 + i\sin\theta_1)r_2(\cos\theta_2 + i\sin\theta_2) \\
&= r_1 r_2\{(\cos\theta_1\cos\theta_2 - \sin\theta_1\sin\theta_2) + i(\cos\theta_1\sin\theta_2 + \sin\theta_1\cos\theta_2)\} \\
&= r_1 r_2\{\cos(\theta_1+\theta_2) + i\sin(\theta_1+\theta_2)\}, \\
\frac{\alpha}{\beta} &= \frac{r_1(\cos\theta_1 + i\sin\theta_1)}{r_2(\cos\theta_2 + i\sin\theta_2)} = \frac{r_1(\cos\theta_1 + i\sin\theta_1)(\cos\theta_2 - i\sin\theta_2)}{r_2(\cos\theta_2 + i\sin\theta_2)(\cos\theta_2 - i\sin\theta_2)} \\
&= \frac{r_1\{(\cos\theta_1\cos\theta_2 + \sin\theta_1\sin\theta_2) + i(\sin\theta_1\cos\theta_2 - \cos\theta_1\sin\theta_2)\}}{r_2(\cos^2\theta_2 + \sin\theta_2)} \\
&= \frac{r_1}{r_2}\{\cos(\theta_1-\theta_2) + i\sin(\theta_1-\theta_2)\}
\end{aligned}$$

と表される。これより,

$$|\alpha\beta| = |\alpha||\beta|, \qquad \arg(\alpha\beta) = \arg\alpha + \arg\beta + 2n\pi,$$
$$\left|\frac{\alpha}{\beta}\right| = \frac{|\alpha|}{|\beta|}, \qquad \arg\left(\frac{\alpha}{\beta}\right) = \arg\alpha - \arg\beta + 2n\pi$$

となる。ただし,n は整数である。

複素平面上では,積 $\alpha\beta$ は,原点 O を中心として線分 Oα を角 $\theta_2 = \arg\beta$

図 0.5

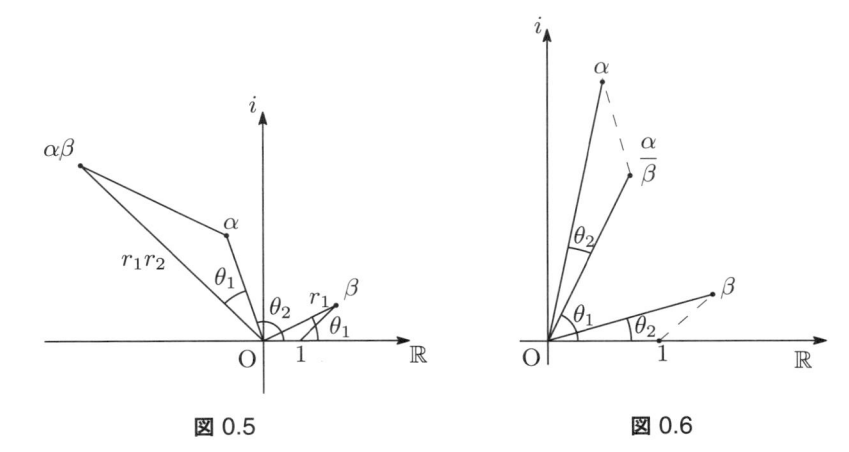

図 0.6

だけ回転し，さらに長さを $r_2 = |\beta|$ 倍に相似拡大した線分の終点が点 $\alpha\beta$ であることを意味する (図 0.5)。また，商 $\frac{\alpha}{\beta}$ は，原点 O を中心として線分 Oα を角 $-\theta_2 = -\arg \beta$ だけ回転し，さらに長さを $r_2^{-1} = |\beta|^{-1}$ 倍した線分の終点が点 $\frac{\alpha}{\beta}$ であることを意味する (図 0.6)。

例 0.3 (1) $i = \cos\frac{\pi}{2} + i\sin\frac{\pi}{2}$ であるから，点 iz は点 z を原点 O を中心に $\frac{\pi}{2}$ だけ回転したものである。

(2) $1 + i = \sqrt{2}\left(\frac{1}{\sqrt{2}} + \frac{1}{\sqrt{2}}i\right) = \sqrt{2}\left(\cos\frac{\pi}{4} + i\sin\frac{\pi}{4}\right)$ であるから，点 $(1+i)z$ は点 z を原点 O を中心に $\frac{\pi}{4}$ だけ回転し，さらに長さを $\sqrt{2}$ 倍したものである。

問 0.5 点 z に対して，点 $(1 - \sqrt{3}i)z$ はどんな位置関係にあるかを答えよ。

複素数の積と商の極形式での計算と同様にして，加法定理を繰り返し適用することにより，次の定理が得られる。

定理 0.2 (de Moivre (ド・モアブル) の定理) n を整数とするとき，
$$(\cos\theta + i\sin\theta)^n = \cos n\theta + i\sin n\theta \tag{0.1}$$

証明. $n = 1$ のとき，(0.1) は明らかに成り立つ。$n = k$ のとき，(0.1) が成り立つと仮定すると，

$$\begin{aligned}(\cos\theta + i\sin\theta)^{k+1} &= (\cos\theta + i\sin\theta)(\cos\theta + i\sin\theta)^k \\ &= (\cos\theta + i\sin\theta)(\cos k\theta + i\sin k\theta) \\ &= (\cos\theta\cos k\theta - \sin\theta\sin k\theta) + i(\cos\theta\sin k\theta + \sin\theta\cos k\theta) \\ &= \cos(k+1)\theta + i\sin(k+1)\theta\end{aligned}$$

となり，$n = k+1$ のときも成り立つ。したがって，数学的帰納法より，すべての自然数 n に対して (0.1) は成り立つ。

$n = 0$ のとき，
$$(\cos\theta + i\sin\theta)^0 = 1, \qquad \cos 0 + i\sin 0 = 1$$
より，(0.1) は成り立つ。

$n = -N$ (ただし，N は自然数) のとき，

$$(\cos\theta + i\sin\theta)^n = (\cos\theta + i\sin\theta)^{-N} = \frac{1}{(\cos\theta + i\sin\theta)^N}$$
$$= \frac{1}{\cos N\theta + i\sin N\theta}$$
$$= \frac{\cos N\theta - i\sin N\theta}{(\cos N\theta + i\sin N\theta)(\cos N\theta - i\sin N\theta)}$$
$$= \cos N\theta - i\sin N\theta = \cos(-N)\theta + i\sin(-N)\theta$$
$$= \cos n\theta + i\sin n\theta$$

となる。以上より，すべての整数 n に対して (0.1) は成り立つ。 □

例 0.4 $(\sqrt{3} + 3i)^5$ を求める。$\sqrt{3} + 3i = 2\sqrt{3}\left(\cos\dfrac{\pi}{3} + i\sin\dfrac{\pi}{3}\right)$ より，

$$(\sqrt{3}+3i)^5 = (2\sqrt{3})^5\left(\cos\frac{\pi}{3}+i\sin\frac{\pi}{3}\right)^5 = 288\sqrt{3}\left(\cos\frac{5\pi}{3}+i\sin\frac{5\pi}{3}\right)$$
$$= 288\sqrt{3}\left(\frac{1}{2} - \frac{\sqrt{3}}{2}i\right) = 144(\sqrt{3} - 3i).$$

問 0.6 次の式の値を求めよ。

(1) $(1+i)^6$, (2) $(\sqrt{3}-i)^7$, (3) $\left(\dfrac{\sqrt{3}}{2} + \dfrac{i}{2}\right)^{-6}$.

0.3　Euler の公式

虚数 $i\theta$ を変数とする指数関数 $e^{i\theta}$ を
$$e^{i\theta} = \cos\theta + i\sin\theta \tag{0.2}$$
で定義する。これを **Euler (オイラー) の公式**という。Euler の公式より，次のことが得られる。

定理 0.3 指数関数について以下が成り立つ。

(1) $|e^{i\theta}| = 1$, (2) $e^{i\theta_1}e^{i\theta_2} = e^{i(\theta_1+\theta_2)}$,

(3) $(e^{i\theta})^{-1} = e^{-i\theta}$, (4) $(e^{i\theta})^n = e^{in\theta}$,

(5) $e^{n\pi i} = (-1)^n$, $e^{\left(n+\frac{1}{2}\right)\pi i} = (-1)^n i$,

(6) $\cos\theta = \dfrac{e^{i\theta} + e^{-i\theta}}{2}$, $\sin\theta = \dfrac{e^{i\theta} - e^{-i\theta}}{2i}$.

ただし，n は整数とする．

証明．(1) Euler の公式 (0.2) より，$|e^{i\theta}| = \sqrt{\cos^2\theta + \sin^2\theta} = 1$ となる．
(2) Euler の公式 (0.2) と加法定理により，

$$
\begin{aligned}
e^{i\theta_1}e^{i\theta_2} &= (\cos\theta_1 + i\sin\theta_1)(\cos\theta_2 + i\sin\theta_2) \\
&= (\cos\theta_1\cos\theta_2 - \sin\theta_2\sin\theta_2) + i(\sin\theta_1\cos\theta_2 + \cos\theta_1\sin\theta_2) \\
&= \cos(\theta_1 + \theta_2) + i\sin(\theta_1 + \theta_2) = e^{i(\theta_1+\theta_2)}
\end{aligned}
$$

となる．
(3) Euler の公式 (0.2) より，

$$
\begin{aligned}
(e^{i\theta})^{-1} &= \frac{1}{e^{i\theta}} = \frac{\cos\theta - i\sin\theta}{(\cos\theta + i\sin\theta)(\cos\theta - i\sin\theta)} \\
&= \cos\theta - i\sin\theta = \cos(-\theta) + i\sin(-\theta) = e^{i(-\theta)} = e^{-i\theta}
\end{aligned}
$$

となる．
(4) de Moivre の定理 (定理 0.2) より，成り立つ．
(5) n が整数のとき，$\cos n\pi = (-1)^n$, $\sin n\pi = 0$, $\cos\left(n + \frac{1}{2}\right)\pi = 0$, $\sin\left(n + \frac{1}{2}\right)\pi = (-1)^n$ であるので，

$$
\begin{aligned}
e^{n\pi i} &= \cos n\pi + i\sin n\pi = (-1)^n, \\
e^{\left(n+\frac{1}{2}\right)\pi i} &= \cos\left(n + \frac{1}{2}\right)\pi + i\sin\left(n + \frac{1}{2}\right)\pi = (-1)^n i
\end{aligned}
$$

となる．
(6) Euler の公式 (0.2) と (3) より，

$$e^{i\theta} = \cos\theta + i\sin\theta \cdots \text{①}, \quad e^{-i\theta} = \cos\theta - i\sin\theta \cdots \text{②}$$ が得られる．

① と ② の辺々の和と差を計算することにより，

$$e^{i\theta} + e^{-i\theta} = 2\cos\theta, \qquad e^{i\theta} - e^{-i\theta} = 2i\sin\theta$$

したがって，

$$\cos\theta = \frac{e^{i\theta} + e^{-i\theta}}{2}, \qquad \sin\theta = \frac{e^{i\theta} - e^{i\theta}}{2i}$$

となる． □

0.4 ベクトルの演算・基本ベクトル

ベクトルとは，速度，力などのように，大きさと向きをもつ量のことをいう。ベクトルは，向きをつけた線分，すなわち，**有向線分**を用いて表すことができる (線分の長さでベクトルの大きさを，線分の向きでベクトルの向きを表す)。

点 A から点 B に向かう有向線分において，点 A を**始点**，点 B を**終点**という。この有向線分 AB が表すベクトルを $\overrightarrow{AB}$ と書く。

有向線分 AB と有向線分 CD が，平行移動によって重ね合わせることができるとき，ベクトル $\overrightarrow{AB}$ と $\overrightarrow{CD}$ は**等しい**といい，$\overrightarrow{AB} = \overrightarrow{CD}$ と書く。

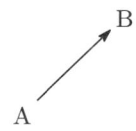

図 0.7

注意 0.4 有向線分 AB は，「始点・向き・長さ」の 3 つの要素によって定まる。ベクトルは，有向線分の「始点」を無視した，「向き・長さ」の 2 つの要素のみに着目したものである。

ベクトルを 1 つ定めても，それを表す有向線分はいろいろ選べる。そこで，ベクトルを $a, b, c, \cdots$ などの記号を用いて表すこともある。有向線分 AB の表すベクトルが a ならば，$a = \overrightarrow{AB}$ である。

ベクトル a と大きさが等しく向きが反対であるベクトルを a の**逆ベクトル**といい，$-a$ で表す。すなわち，$a = \overrightarrow{AB}$ のとき，$-a = \overrightarrow{BA}$ である。

ベクトル $\overrightarrow{AB}, a$ の大きさは，それぞれ $\|\overrightarrow{AB}\|, \|a\|$ で表す。特に，大きさが 0 のベクトルを**零ベクトル**といい，o で表し，大きさが 1 であるベクトルを**単位ベクトル**という。

● ベクトルの加法・スカラー倍

2 つのベクトル a, b が与えられたとき，点 A を定めて，$a = \overrightarrow{AB}, b = \overrightarrow{BC}$ となる点 B, C をとるとき，ベクトル $\overrightarrow{AC}$ を，a と b の**和**といい (図 0.8)，$a + b$ と書く。また，$a + (-b)$ を $a - b$ と書き，a から b を引いた**差**という (図 0.9)。

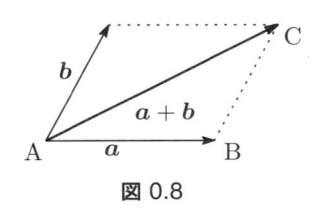

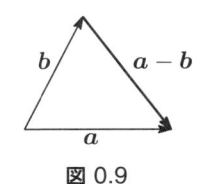

図 0.8　　　**図 0.9**

ベクトルの加法については，次の法則が成り立つ．

定理 0.4 (ベクトルの加法の基本法則) ベクトル a, b, c に対して，次が成り立つ．

(1) （交換法則） $a + b = b + a$,
(2) （結合法則） $(a + b) + c = a + (b + c)$,
(3) $a + (-a) = (-a) + a = 0$,
(4) $a + o = o + a = a$.

ベクトル a と実数 k に対して，ベクトル a の k 倍 ka を

(i) $k > 0$ のとき，a と同じ向きで，大きさが $\|a\|$ の k 倍のベクトル．
(ii) $k < 0$ のとき，a と逆の向きで，大きさが $\|a\|$ の $|k|$ 倍のベクトル．
(iii) $k = 0$ のときは零ベクトル，すなわち，$0a = o$

で定義する．ベクトルのスカラー倍については，次が成り立つ．

定理 0.5 (ベクトルのスカラー倍の基本法則) ベクトル a, b, 実数 k, l に対して，次が成り立つ．

(1) $k(la) = (kl)a = l(ka)$,　　　(2) $(k+l)a = ka + la$,
(3) $k(a + b) = ka + kb$,
(4) $1a = a$,　$(-1)a = -a$,　$\|ka\| = |k|\|a\|$.

● ベクトルの成分表示

空間内の直交座標 O-xyz を考える．x 軸，y 軸，z 軸の正の向きと同じ向きをもつ単位ベクトルをそれぞれ e_1, e_2, e_3 で表し，これらを**基本ベクトル**という（図 0.10）．

任意のベクトル a に対して $a = \overrightarrow{\text{OA}}$ となる点 A が定まり，A の座標が (a_1, a_2, a_3) であるとき，

$$a = a_1 e_1 + a_2 e_2 + a_3 e_3$$

と表される．このとき，

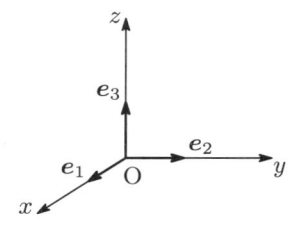

図 0.10

$$\boldsymbol{a} = (a_1, a_2, a_3)$$

と表し，ベクトル $\boldsymbol{a}$ の**成分表示**という。第 1 章以降では，

$$\boldsymbol{a} = \begin{pmatrix} a_1 \\ a_2 \\ a_3 \end{pmatrix}$$

と表す。a_1, a_2, a_3 をそれぞれベクトル $\boldsymbol{a}$ の x **成分**, y **成分**, z **成分**という。このときのベクトル $\boldsymbol{a}$ の大きさは，

$$\|\boldsymbol{a}\| = \sqrt{a_1^2 + a_2^2 + a_3^2}$$

となる。

0.5 ベクトルの内積・外積

$\boldsymbol{o}$ でない 2 つのベクトル $\boldsymbol{a}, \boldsymbol{b}$ に対して，点 O, A, B を $\boldsymbol{a} = \overrightarrow{\text{OA}}, \boldsymbol{b} = \overrightarrow{\text{OB}}$ を満たすようにとる。このとき，$\angle\text{AOB}$ をベクトル $\boldsymbol{a}, \boldsymbol{b}$ の**なす角**という。

定義 0.1（ベクトルの内積） $\boldsymbol{o}$ でない 2 つのベクトル $\boldsymbol{a}, \boldsymbol{b}$ のなす角を θ とする。このとき，

$$\boldsymbol{a} \cdot \boldsymbol{b} = \|\boldsymbol{a}\|\|\boldsymbol{b}\|\cos\theta$$

を $\boldsymbol{a}$ と $\boldsymbol{b}$ の**内積**という。特に，$\boldsymbol{a} = \boldsymbol{o}$ または $\boldsymbol{b} = \boldsymbol{o}$ のときは $\boldsymbol{a} \cdot \boldsymbol{b} = 0$ と定める。

定理 0.6 ベクトル $\boldsymbol{a}, \boldsymbol{b}, \boldsymbol{c}$ と実数 k に対して，次式が成り立つ。

(1) （交換法則）$\boldsymbol{a} \cdot \boldsymbol{b} = \boldsymbol{b} \cdot \boldsymbol{a}$,
(2) （分配法則）$\boldsymbol{a} \cdot (\boldsymbol{b} + \boldsymbol{c}) = \boldsymbol{a} \cdot \boldsymbol{b} + \boldsymbol{a} \cdot \boldsymbol{c}$,
(3) $(k\boldsymbol{a}) \cdot \boldsymbol{b} = k(\boldsymbol{a} \cdot \boldsymbol{b}) = \boldsymbol{a} \cdot (k\boldsymbol{b})$.

問 0.7 上の定理を確かめよ。

内積の定義より，

$$\boldsymbol{a} \text{ と } \boldsymbol{b} \text{ が直交する} \iff \boldsymbol{a} \cdot \boldsymbol{b} = 0$$

となることが分かる。このことから，$\boldsymbol{a} = (a_1, a_2, a_3)$, $\boldsymbol{b} = (b_1, b_2, b_3)$ に対して，
$$\boldsymbol{a} \cdot \boldsymbol{b} = a_1 b_1 + a_2 b_2 + a_3 b_3$$
が成り立つことがわかる。実際，$i \neq j$ のとき $\boldsymbol{e}_i \cdot \boldsymbol{e}_j = 0$, $\boldsymbol{e}_i \cdot \boldsymbol{e}_i = 1$ であるから，

$$\begin{aligned}
\boldsymbol{a} \cdot \boldsymbol{b} &= (a_1 \boldsymbol{e_1} + a_2 \boldsymbol{e_2} + a_3 \boldsymbol{e_3}) \cdot (b_1 \boldsymbol{e_1} + b_2 \boldsymbol{e_2} + b_3 \boldsymbol{e_3}) \\
&= a_1 b_1 \boldsymbol{e}_1 \cdot \boldsymbol{e}_1 + a_1 b_2 \boldsymbol{e}_1 \cdot \boldsymbol{e}_2 + a_1 b_3 \boldsymbol{e}_1 \cdot \boldsymbol{e}_3 \\
&\quad + a_2 b_1 \boldsymbol{e}_2 \cdot \boldsymbol{e}_1 + a_2 b_2 \boldsymbol{e}_2 \cdot \boldsymbol{e}_2 + a_2 b_3 \boldsymbol{e}_2 \cdot \boldsymbol{e}_3 \\
&\quad + a_3 b_1 \boldsymbol{e}_3 \cdot \boldsymbol{e}_1 + a_3 b_2 \boldsymbol{e}_3 \cdot \boldsymbol{e}_2 + a_3 b_3 \boldsymbol{e}_3 \cdot \boldsymbol{e}_3 \\
&= a_1 b_1 + a_2 b_2 + a_3 b_3
\end{aligned}$$

となる。

定義 0.2 (ベクトルの外積) 空間内の 2 つのベクトル $\boldsymbol{a}, \boldsymbol{b}$ に対して，外積 $\boldsymbol{a} \times \boldsymbol{b}$ を次のように定義する。

(i) $\boldsymbol{a}, \boldsymbol{b}$ が平行のとき，$\boldsymbol{a} \times \boldsymbol{b} = \boldsymbol{0}$.
(ii) $\boldsymbol{a} = \boldsymbol{o}$ または $\boldsymbol{b} = \boldsymbol{o}$ のとき，$\boldsymbol{a} \times \boldsymbol{b} = \boldsymbol{o}$.
(iii) $\boldsymbol{a}, \boldsymbol{b}$ がともに $\boldsymbol{0}$ でなく，平行でないとき，$\boldsymbol{a}$ と $\boldsymbol{b}$ のなす角を θ とすると，外積 $\boldsymbol{a} \times \boldsymbol{b}$ は，次の 2 つの性質を満たすベクトルとする。
 (a) 大きさは，$\boldsymbol{a}$ と $\boldsymbol{b}$ が作る平行四辺形の面積 $\|\boldsymbol{a}\|\|\boldsymbol{b}\|\sin\theta$ に等しい。
 (b) 向きは $\boldsymbol{a}, \boldsymbol{b}$ に垂直で $\boldsymbol{a}$ から $\boldsymbol{b}$ へ右ねじを回すとき，ねじの進む方向である。

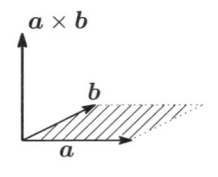

外積の定義から，次の計算法則が得られる。

図 0.11

定理 0.7 (外積の計算法則) ベクトル $\boldsymbol{a}, \boldsymbol{b}, \boldsymbol{c}$ と実数 k に対して，次が成り立つ。

(1) $\boldsymbol{a} \times \boldsymbol{b} = -\boldsymbol{b} \times \boldsymbol{a}$. 特に，$\boldsymbol{a} \times \boldsymbol{a} = \boldsymbol{0}$.
(2) (分配法則) $\boldsymbol{a} \times (\boldsymbol{b} + \boldsymbol{c}) = \boldsymbol{a} \times \boldsymbol{b} + \boldsymbol{a} \times \boldsymbol{c}$,
  $(\boldsymbol{a} + \boldsymbol{b}) \times \boldsymbol{c} = \boldsymbol{a} \times \boldsymbol{c} + \boldsymbol{b} \times \boldsymbol{c}$.
(3) $(k\boldsymbol{a}) \times \boldsymbol{b} = k(\boldsymbol{a} \times \boldsymbol{b}) = \boldsymbol{a} \times (k\boldsymbol{b})$.

0.5 ベクトルの内積・外積

● 外積の成分表示

基本ベクトル e_1, e_2, e_3 は互いに直交する単位ベクトルであるから，

$$e_1 \times e_2 = -e_2 \times e_1 = e_3,$$
$$e_2 \times e_3 = -e_3 \times e_2 = e_1,$$
$$e_3 \times e_1 = -e_1 \times e_3 = e_2$$

が成り立つ。したがって，$a = (a_1, a_2, a_3)$, $b = (b_1, b_2, b_3)$ のとき，

$$\begin{aligned}a \times b &= (a_1 e_1 + a_2 e_2 + a_3 e_3) \times (b_1 e_1 + b_2 e_2 + b_3 e_3) \\ &= a_1 b_1 e_1 \times e_1 + a_1 b_2 e_1 \times e_2 + a_1 b_3 e_1 \times e_3 \\ &\quad + a_2 b_1 e_2 \times e_1 + a_2 b_2 e_2 \times e_2 + a_2 b_3 e_2 \times e_3 \\ &\quad + a_3 b_1 e_3 \times e_1 + a_3 b_2 e_3 \times e_2 + a_3 b_3 e_3 \times e_3 \\ &= a_1 b_2 e_3 - a_1 b_3 e_2 - a_2 b_1 e_3 + a_2 b_3 e_1 + a_3 b_1 e_2 - a_3 b_2 e_1 \\ &= (a_2 b_3 - a_3 b_2) e_1 - (a_1 b_3 - a_3 b_1) e_2 + (a_1 b_2 - a_2 b_1) e_3\end{aligned}$$

となる。これより，外積の成分表示は次のようになる。

定理 0.8 (外積の成分表示) $a = (a_1, a_2, a_3)$, $b = (b_1, b_2, b_3)$ のとき，

$$a \times b = (a_2 b_3 - a_3 b_2, -(a_1 b_3 - a_3 b_1), a_1 b_2 - a_2 b_1)$$

となる。

注意 0.5 第 2 章で学ぶ，行列式を利用すると，外積 $a \times b$ は，形式的に，

$$a \times b = \det \begin{pmatrix} e_1 & e_2 & e_3 \\ a_1 & a_2 & a_3 \\ b_1 & b_2 & b_3 \end{pmatrix}$$

と表される。

例 0.5 2 つのベクトル $(1, 2, -1)$, $(3, 1, 5)$ に垂直なベクトルの一つは，

$$\begin{aligned}(1, 2, -1) &\times (3, 1, 5) \\ &= (2 \times 5 - (-1) \times 1, -(1 \times 5 - (-1 \times 3)), 1 \times 1 - 2 \times 3) \\ &= (11, -8, -5).\end{aligned}$$

問 **0.8** 次の 2 つのベクトルに垂直な単位ベクトルを求めよ。
(1) $(1, 2, 3)$, $(1, -2, 1)$,   (2) $(-1, 2, 1)$, $(2, -1, 0)$.

● ベクトルの三重積

3 つのベクトル a, b, c に対して，$(a \times b) \cdot c$ を a, b, c のスカラー三重積といい，$a \times (b \times c)$ を a, b, c のベクトル三重積という。

スカラー三重積について，a, b, c が同一平面上にないときを考える。2 つのベクトル $a \times b$ と c のなす角を θ とすると，$(a \times b) \cdot c = \|a \times b\|\|c\|\cos\theta$ となる。外積の定義より，$\|a \times b\|$ は a と b が張る平行四辺形の面積を表す。また，$\|c\|\cos\theta$ は a, b, c を 3 辺とする平行六面体の高さを表す。したがって，$|(a \times b) \cdot c|$ は a, b, c が張る平行六面体の体積を表すことがわかる。

例 **0.6** $a = (1, 2, 1), b = (6, 0, 1), c = (0, 1, -1)$ のとき，

$$a \times b = (2 \times 1 - 1 \times 0, -(1 \times 1 - 1 \times 6), 1 \times 0 - 2 \times 6) = (2, 5, -12)$$

より，a, b, c のスカラー三重積は，

$$(a \times b) \cdot c = 2 \times 0 + 5 \times 1 + (-12) \times (-1) = 17$$

となる。また，

$$b \times c = (0 \times (-1) - 1 \times 1, -(6 \times (-6) - 1 \times 0), 6 \times 1 - 0 \times 0)$$
$$= (-1, 6, 6)$$

より，a, b, c のベクトル三重積は，

$$a \times (b \times c) = (2 \times 6 - 1 \times 6, -(1 \times 6 - 1 \times (-1)), 1 \times 6 - 2 \times (-1))$$
$$= (6, -7, 8)$$

である。

問 **0.9** $a = (2, 1, -3), b = (-1, 1, 0), c = (1, -2, 0)$ のとき，$(a \times b) \cdot c$, $a \cdot (b \times c)$, $a \times (b \times c)$, $(a \times b) \times c$ を求めよ。

ベクトル三重積について，$a = (a_1, a_2, a_3), b = (b_1, b_2, b_3), c = (c_1, c_2, c_3)$ のとき，

$$\boldsymbol{b}\times\boldsymbol{c}=(b_2c_3-b_3c_2, b_3c_1-b_1c_3, b_1c_2-b_2c_1)$$

であるから，$\boldsymbol{a}\times(\boldsymbol{b}\times\boldsymbol{c})$ の x 成分は，

$$\begin{aligned}&a_2(b_1c_2-b_2c_1)-a_3(b_3c_1-b_1c_3)\\&\qquad=(a_1c_1+a_2c_2+a_3c_3)b_1-(a_1b_1+a_2b_2+a_3b_3)c_1\\&\qquad=(\boldsymbol{a}\cdot\boldsymbol{c})b_1-(\boldsymbol{a}\cdot\boldsymbol{b})c_1\end{aligned}$$

となる。同様に，$\boldsymbol{a}\times(\boldsymbol{b}\times\boldsymbol{c})$ の第 y 成分を計算すると $(\boldsymbol{a}\cdot\boldsymbol{c})b_2-(\boldsymbol{a}\cdot\boldsymbol{b})c_2$，第 z 成分を計算すると $(\boldsymbol{a}\cdot\boldsymbol{c})b_3-(\boldsymbol{a}\cdot\boldsymbol{b})c_3$ となることから，

$$\boldsymbol{a}\times(\boldsymbol{b}\times\boldsymbol{c})=(\boldsymbol{a}\cdot\boldsymbol{c})\boldsymbol{b}-(\boldsymbol{a}\cdot\boldsymbol{b})\boldsymbol{c} \tag{0.3}$$

が成り立つ。(0.3) を **Lagrange (ラグランジュ)** の**公式**という。

例 0.7 等式 $(\boldsymbol{a}\times\boldsymbol{b})\times\boldsymbol{c}=(\boldsymbol{a}\cdot\boldsymbol{c})\boldsymbol{b}-(\boldsymbol{b}\cdot\boldsymbol{c})\boldsymbol{a}$ が成り立つことを示す。
外積の計算法則 (定理 0.7) と Lagrange の公式 (0.3) より，

$$\begin{aligned}(\boldsymbol{a}\times\boldsymbol{b})\times\boldsymbol{c}&=-\boldsymbol{c}\times(\boldsymbol{a}\times\boldsymbol{b})\\&=-\{(\boldsymbol{c}\cdot\boldsymbol{b})\boldsymbol{a}-(\boldsymbol{c}\cdot\boldsymbol{a})\boldsymbol{b}\}=(\boldsymbol{a}\cdot\boldsymbol{c})\boldsymbol{b}-(\boldsymbol{b}\cdot\boldsymbol{c})\boldsymbol{a}\end{aligned}$$

となり，成り立つ。

問 0.10 等式 $\boldsymbol{a}\times(\boldsymbol{b}\times\boldsymbol{c})+\boldsymbol{b}\times(\boldsymbol{c}\times\boldsymbol{a})+\boldsymbol{c}\times(\boldsymbol{a}\times\boldsymbol{b})=\boldsymbol{o}$ が成り立つことを示せ。

0.6　空間図形の方程式（直線・平面・球面）

空間において，1 点 O を固定して考えると，任意の点 A の位置は，ベクトル $\boldsymbol{a}=\overrightarrow{\mathrm{OA}}$ によって定まる。このとき，$\boldsymbol{a}$ を，点 O に関する点 A の**位置ベクトル**という。位置ベクトルが $\boldsymbol{a}$ である点 A を $\mathrm{A}(\boldsymbol{a})$ で表す。

● **直線の方程式**

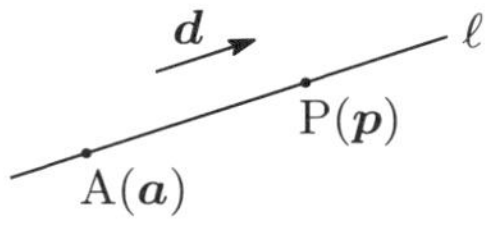

図 0.12

点 $\mathrm{A}(\boldsymbol{a})$ を通り，$\boldsymbol{o}$ でないベクトル $\boldsymbol{d}$ に平行な直線 ℓ 上の任意の点を $\mathrm{P}(\boldsymbol{p})$ とすると，

$$\boldsymbol{p}=\boldsymbol{a}+t\boldsymbol{d} \qquad (t\in\mathbb{R}) \tag{0.4}$$

と表される。これを，t を**媒介変数**とする**直線** ℓ の**ベクトル方程式**といい，$\boldsymbol{d}$

を ℓ の**方向ベクトル**という。(0.4) において,$\boldsymbol{p}=(x,y,z)$, $\boldsymbol{a}=(a,b,c)$, $\boldsymbol{d}=(\alpha,\beta,\gamma)$ とおくと,座標 x,y,z を用いた直線 ℓ の媒介変数表示

$$\begin{cases} x=a+t\alpha, \\ y=b+t\beta, \\ z=c+t\gamma \end{cases}$$

が得られる。さらに,$\alpha\beta\gamma\neq 0$ のとき,t を消去することにより,x,y,z のみを用いた ℓ の方程式

$$\frac{x-a}{\alpha}=\frac{y-b}{\beta}=\frac{z-c}{\gamma}$$

が得られる。

例 0.8 点 $(2,0,1)$ を通り,ベクトル $\boldsymbol{d}=(3,-4,5)$ に平行な直線の方程式は

$$\frac{x-2}{3}=\frac{y}{-4}=\frac{z+1}{5}$$

である。

問 0.11 次の直線の方程式を求めよ。
(1) 点 $(1,3,2)$ を通り,ベクトル $\boldsymbol{d}=(-2,1,4)$ に平行な直線。
(2) 点 $(2,-1,3)$ を通り,直線 $\dfrac{x}{2}=\dfrac{y}{3}=-z$ に平行な直線。

定義 0.3 空間の 2 直線 $\boldsymbol{p}=\boldsymbol{a}+t\boldsymbol{u}$, $\boldsymbol{p}=\boldsymbol{b}+t\boldsymbol{v}$ ($t\in\mathbb{R}$) のなす角は,これらの方向ベクトル $\boldsymbol{u},\boldsymbol{v}$ のなす角と定義する。

注意 0.6 空間の 2 直線のなす角は,2 直線がねじれの位置にあっても定義される。

例 0.9 次の 2 直線のなす角 θ の余弦を求める。

$$\ell_1:\frac{x+4}{2}=\frac{y+1}{-1}=z-2, \quad \ell_2:x-1=\frac{y-2}{2}=z+1$$

直線 ℓ_1,ℓ_2 の方向ベクトルの一つをそれぞれ $\boldsymbol{d}_1,\boldsymbol{d}_2$ とすると,$\boldsymbol{d}_1=(2,-1,1)$, $\boldsymbol{d}_2=(1,2,1)$ となる。$\boldsymbol{d}_1,\boldsymbol{d}_2$ のなす角を θ とすると,

$$\cos\theta=\frac{\boldsymbol{d}_1\cdot\boldsymbol{d}_2}{\|\boldsymbol{d}_1\|\|\boldsymbol{d}_2\|}=\frac{2\times 1-1\times 2+1\times 1}{\sqrt{2^2+(-1)^2+1^2}\sqrt{1^2+2^2+1^2}}=\frac{1}{6}$$

0.6 空間図形の方程式（直線・平面・球面）

となる。よって，求める余弦は $\cos\theta = \dfrac{1}{6}$ である。

問 0.12 次の 2 直線 ℓ_1 と ℓ_2 のなす角 θ を求めよ。ただし，$0 \leqq \theta \leqq \dfrac{\pi}{2}$ とする。

(1) $\ell_1 : \dfrac{x}{3} = -y = -\dfrac{z}{2}, \quad \ell_2 : x - 1 = \dfrac{y+1}{2} = -\dfrac{z}{3}$,

(2) $\ell_1 : \dfrac{x-1}{3} = \dfrac{y+2}{2} = \dfrac{2-z}{4}, \quad \ell_2 : \dfrac{x+1}{2} = \dfrac{1-y}{5} = -z$.

● 平面の方程式

空間において，点 $A(x_0, y_0, z_0)$ を通り，o でないベクトル $\boldsymbol{n} = (a, b, c)$ に垂直な平面を α とすると，α 上の任意の点 $P(x, y, z)$ に対して $\overrightarrow{AP} \perp \boldsymbol{n}$ であるから，$\overrightarrow{AP} \cdot \boldsymbol{n} = 0$ が成り立つ。逆に，この式を満たす点 P は平面 α 上にある。したがって，この式を，点 A を通り，ベクトル $\boldsymbol{n}$ に垂直な**平面 α のベクトル方程式**という。

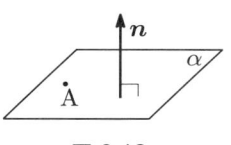

図 0.13

ここで，$\overrightarrow{AP} = (x - x_0, y - y_0, z - z_0)$, $\boldsymbol{n} = (a, b, c)$ より，平面 α の方程式

$$a(x - x_0) + b(y - y_0) + c(z - z_0) = 0$$

が得られる。ベクトル $\boldsymbol{n}$ を平面 α の**法線ベクトル**という。

平面の方程式において，$d = -(ax_0 + by_0 + cz_0)$ とおくと，

$$ax + by + cz + d = 0 \quad (但し (a, b, c) \neq (0, 0, 0)) \quad (0.5)$$

を得る。逆に，$(a, b, c) \neq (0, 0, 0)$ のとき，この方程式が表す図形上の 1 点を (x_0, y_0, z_0) とすると，

$$ax_0 + by_0 + cz_0 + d = 0 \quad (0.6)$$

が成り立つ。(0.6) から (0.5) を引くことにより，

$$a(x - x_0) + b(y - y_0) + c(z - z_0) = 0$$

を得る。したがって，a, b, c のうち少なくとも 1 つは 0 でないならば，x, y, z の 1 次式 $ax + by + cz + d = 0$ は平面を表す。ベクトル $\boldsymbol{n} = (a, b, c)$ は，この平面の法線ベクトルである。

例 0.10 点 $(3, -1, 4)$ を通り, 平面 $\alpha : x + 3y - 5z + 1 = 0$ に平行な平面の方程式を求める。

求める平面の法線ベクトルの一つは, 平面 α の法線ベクトル $(1, 3, -5)$ と同じであるから,

$$1 \cdot (x - 3) + 3 \cdot \{y - (-1)\} - 5 \cdot (z - 4) = 0$$

となる。整理して, $x + 3y - 5z + 23 = 0$ が求める平面の方程式である。

問 0.13 次の平面の方程式を求めよ。
(1) 点 $(1, -1, 1)$ を通り, ベクトル $\boldsymbol{n} = (-2, 1, 2)$ に垂直な平面。
(2) 点 $(2, 1, -3)$ を通り, 平面 $x - 2y + 3z + 4 = 0$ に平行な平面。

例 0.11 互いに平行でない 2 つの平面 L 及び M の法線ベクトルをそれぞれ $\boldsymbol{a} = (a_1, a_2, a_3)$, $\boldsymbol{b} = (b_1, b_2, b_3)$ とし, 2 つの平面の交線に平行なベクトルを $\boldsymbol{c} = (c_1, c_2, c_3)$ とする。このとき, c_j $(j = 1, 2, 3)$ と a_m $(m = 1, 2, 3)$, b_n $(n = 1, 2, 3)$ の関係を示そう。$\boldsymbol{c}$ は, 法線ベクトル $\boldsymbol{a}$ および $\boldsymbol{b}$ に垂直であるので, 外積 $\boldsymbol{a} \times \boldsymbol{b}$ と平行である。したがって, $\boldsymbol{c} = t\boldsymbol{a} \times \boldsymbol{b}$ $(t \in \mathbb{R})$ となる。したがって,

$$\begin{aligned}\boldsymbol{c} = t\boldsymbol{a} \times \boldsymbol{b} &= t(a_1, a_2, a_3) \times (b_1, b_2, b_3) \\ &= t(a_2 b_3 - b_2 a_3, a_3 b_1 - b_3 a_1, a_1 b_2 - b_1 a_2)\end{aligned}$$

となる。ゆえに,

$$\begin{aligned}c_1 &= t(a_2 b_3 - b_2 a_3), \\ c_2 &= t(a_3 b_1 - b_3 a_1), \\ c_3 &= t(a_1 b_2 - b_1 a_2) (t \in \mathbb{R})\end{aligned}$$

となる。

定義 0.4 2 つの平面 $a_1 x + b_1 y + c_1 z + d_1 = 0$, $a_2 x + b_2 y + c_2 z + d_2 = 0$ のなす角は, これらの法線ベクトル $\boldsymbol{n}_1 = (a_1, b_1, c_1)$, $\boldsymbol{n}_2 = (a_2, b_2, c_2)$ のなす角と定義する。

● 球面の方程式

空間において，点 C から一定の距離 r にある点の集合を，中心 C, 半径 r の**球面**，または**球**という（図 0.14）。

C(c), P(p) とすれば，点 P がこの球面上にある条件は

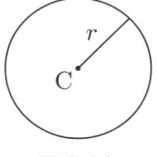

$$\|p - c\| = r$$

図 0.14

となる。これを中心 C(c), 半径 r の**球面のベクトル方程式**という。

$c = (x_0, y_0, z_0), p = (x, y, z)$ とおき，ベクトル方程式の両辺を 2 乗して成分で表すと，

$$(x - x_0)^2 + (y - y_0)^2 + (z - z_0)^2 = r^2$$

となる。これを，点 (x_0, y_0, z_0) を中心とする半径 r の**球面の方程式**という。

章末問題 0

1 次の計算をせよ。
 (1) $(3 - 2i) + (4 + 5i)$,
 (2) $4(5 - 4i) - 2(3 - 2i)$,
 (3) $(3 - \sqrt{2}i)(\sqrt{2} + i)$,
 (4) $\dfrac{2 + 3i}{1 + 2i} + \dfrac{2i}{3 - i}$,
 (5) $\left(\dfrac{1+i}{\sqrt{3}+i}\right)^{12}$,
 (6) $(i - 1)^{-4}$.

2 次の方程式を満たす複素数 z を求めよ。
 (1) $z^3 = 8i$,
 (2) $z^4 = 8(-1 + \sqrt{3}i)$.

3 $a = (1, 2, 3), b = (0, -1, 2), c = (2, -1, 0)$ のとき，次に答えよ。
 (1) $a \times (b + c)$ および $a \times b + a \times c$ をそれぞれ計算し，等しいことを確かめよ。
 (2) $a \times (b \times c)$ および $(a \cdot c)b - (a \cdot b)c$ をそれぞれ計算し，等しいことを確かめよ。

4 $\mathbb{R}^3$ 内のベクトル u_1, u_2 は，共に長さが 1 で，互いに直交するとし，$u_3 = u_1 \times u_2$ とおく。さらに，

$$v_1 = u_2 \times u_3, \quad v_2 = u_3 \times u_1, \quad v_3 = u_1 \times u_2$$

とおく，2 つのベクトル

$$a = a_1 u_1 + a_2 u_2 + a_3 u_3, \quad b = b_1 v_1 + b_2 v_2 + b_3 v_3$$

が直交するとき，$a_1, a_2, a_3, b_1, b_2, b_3$ の関係を示せ。

5 空間内の 3 点を A($2, -3, 4$), B($1, 2, -1$), C($3, -1, 2$) とする。このとき，OA,

OB, OC を 3 辺とする平行六面体の体積 V を求めよ。

6 次の直線の方程式を求めよ。
(1) 2 点 $(1, 2, 0), (3, 4, 1)$ を通る直線,
(2) 2 直線 $\ell_1 : x - 1 = \dfrac{y-2}{2} = 3 - z$, $\ell_2 : \dfrac{x+3}{3} = y + 1 = \dfrac{z+1}{5}$ の交点を通り,ℓ_1, ℓ_2 と直交する直線。

7 次の 2 直線のなす鋭角を求めよ。
(1) $\dfrac{x}{3} = \dfrac{y}{5} = \dfrac{z}{4}$, $\quad x - 1 = \dfrac{2-y}{10} = -\dfrac{z}{7}$,
(2) $x + 4 = \dfrac{1-y}{2} = \dfrac{z-5}{2}$, $\quad \dfrac{x}{3} = \dfrac{y-3}{4} = \dfrac{2-z}{5}$.

8 次の各平面の方程式を求めよ。
(1) 3 点 $(1, 0, 1), (-1, 1, 1), (0, 1, -1)$ を通る平面,
(2) 2 点 $A(-1, 0, 2), B(0, 1, 1)$ を結ぶ線分 AB の垂直 2 等分平面。

9 2 平面 $\alpha : x - 2y + 2z - 5 = 0$, $\beta : 3x + 4y - 5z + 3 = 0$ について,次の問に答えよ。
(1) α, β のなす鋭角を求めよ。
(2) 点 $(4, 15, -5)$ を通り,α, β のいずれにも垂直な平面の方程式を求めよ。

10 次の球面の方程式を求めよ。
(1) 点 $(1, -2, 3)$ を中心とし,点 $(3, 1, 0)$ を通る球面,
(2) 2 点 $(2, 0, 3), (-2, 4, 1)$ を直径の両端とする球面,
(3) 点 $(2, 1, 1)$ を通り,3 つの座標平面に接する球面。

1 行　列

1.1 行列とその演算

　数や文字を縦・横に並べて表を作ることは日常生活においてもしばしばおこなわれる。また，表同士の操作もおこなうことがある。

例 1.1 P 君と Q 君の中間試験と期末試験の数学，物理，生物の成績は，各々表 1.1, 表 1.2 の通りであった。また，2 人の 3 科目の成績の合計は対応する部分を加えればよいから，表 1.3 で表すことができる。

表 1.1　中間試験の点数

	数学	物理	生物
P 君	75	80	68
Q 君	92	85	70

表 1.2　期末試験の点数

	数学	物理	生物
P 君	80	82	80
Q 君	85	80	83

表 1.3　中間試験と期末試験の合計点

	数学	物理	生物
P 君	155	162	148
Q 君	177	165	153

例 1.2 例 1.1 において，2 人の各科目の平均点は表 1.3 の各値を $\frac{1}{2}$ 倍すればよいから，表 1.4 のようになる。

表 1.4　中間試験と期末試験の平均点

	数学	物理	生物
P 君	77.5	81	74
Q 君	88.5	82.5	76.5

例 1.3 ある電気店の P 支店と Q 支店における R 社のコンピュータとモニターのある月の売り上げ台数が表 1.5 に，それぞれの販売価格と 1 個あたりの利益が表 1.6 に示してある．この場合，各店ごとの売り上げ総額と利益の総額は表 1.7 のようになる．たとえば，P 支店の売り上げは

$$18 \times 69{,}800 + 14 \times 28{,}000 = 1{,}648{,}400 \text{ (円)}$$

のように計算すればよい．

表 1.5 売り上げ台数

	コンピュータ	モニター
P 支店	18	14
Q 支店	32	25

表 1.6 販売価格と利益

	販売価格	利益
コンピュータ	69,800	10,000
モニター	28,000	8,000

表 1.7 売り上げと利益の総額

	売り上げ総額	利益の総額
P 支店	1,648,400	292,000
Q 支店	2,933,600	520,000

行列とその演算とは，例 1.1–例 1.3 の考え方を抽象化したものである．まず，行列そのものを定義しよう．$\begin{pmatrix} 1 & -2 \\ -3 & 4 \end{pmatrix}$ や $\begin{pmatrix} 75 & 80 & 68 \\ 92 & 85 & 70 \end{pmatrix}$ (表 1.1 参照) や $\begin{pmatrix} x & y & z \\ y & z & x \\ z & x & y \end{pmatrix}$ などのように，数や文字を縦・横に並べて書いたものを **行列** といい，通常括弧でくくって表す．横の並びを **行**，縦の並びを **列** という．2 行 2 列の行列を一般的に表現するには，$\begin{pmatrix} a & b \\ c & d \end{pmatrix}$ と書くことが多い．しかし，行や列の数が多い場合，

$$\begin{pmatrix} a_{11} & a_{12} & \cdots & a_{1n} \\ a_{21} & a_{22} & \cdots & a_{2n} \\ \vdots & \vdots & \vdots & \vdots \\ a_{m1} & a_{m2} & \cdots & a_{mn} \end{pmatrix} \quad (1.1)$$

のような記法をする．

1.1 行列とその演算

行列 (1.1) を m 行 n 列の行列 (あるいは $m \times n$ 行列) という。各数 a_{ij} をこの行列の (i, j) 成分といい，各並び

$$\begin{pmatrix} a_{i1} & a_{i2} & \ldots & a_{in} \end{pmatrix}$$

を第 i 行 $(i = 1, 2, \cdots, m)$ といい，

$$\begin{pmatrix} a_{1j} \\ a_{2j} \\ \vdots \\ a_{mj} \end{pmatrix}$$

を第 j 列 $(j = 1, 2, \cdots, n)$ という。行列の成分を a_{ij} と書いたとき，i は行の番号を，j は列の番号を表している。

注意 1.1 行列を表すのに大文字 $A, B, C, \cdots$ を用いることが多い。また，誤解のおそれのないときには，行列 (1.1) を $(a_{ij})_{m \times n}$，または (a_{ij}) と略記する。

$$A = \begin{pmatrix} a_{11} & a_{12} & \ldots & a_{1n} \\ a_{21} & a_{22} & \ldots & a_{2n} \\ \vdots & \vdots & \vdots & \vdots \\ a_{m1} & a_{m2} & \ldots & a_{mn} \end{pmatrix} = (a_{ij})_{m \times n} = (a_{ij})$$

注意 1.2 行列 (1.1) において，$m = n$ であるとき，すなわち $n \times n$ 行列

$$\begin{pmatrix} a_{11} & a_{12} & \ldots & a_{1n} \\ a_{21} & a_{22} & \ldots & a_{2n} \\ \vdots & \vdots & \ddots & \vdots \\ a_{n1} & a_{n2} & \ldots & a_{nn} \end{pmatrix}$$

を n 次の正方行列という。この場合，a_{ii} $(i = 1, 2,, \cdots, n)$ を対角成分という。

注意 1.3 成分が n 個のベクトルを n 次のベクトルという。n 次の行ベクトル (横ベクトル) $(a_1, a_2, \cdots, a_n)$ は $1 \times n$ 行列，n 次の列ベクトル (縦ベクトル)

$$\begin{pmatrix} a_1 \\ a_2 \\ \vdots \\ a_n \end{pmatrix}$$

は $n \times 1$ 行列と考えることができる。また，必要であれば数 a は 1 次のベクトルまたは 1×1 行列と考える。

$m \times n$ 行列全体のなす集合を $M_{m,n}$ で表す。すなわち，$A \in M_{m,n}$ とは，A が $m \times n$ 行列であることを表す。また，$M_{n,n}$ を M_n と書く。したがって，$P \in M_n$ とは，P が n 次正方行列であることを意味する。

以下に，行列の相等を定義し，それをもとに行列の**演算** (和，スカラー倍，積) を定義する。

定義 1.1 (行列の相等) 2つの行列 A, B が**等しい**とは，次の (1), (2) を満たすこととし，$A = B$ と表す。

(1) 同じ型である。
(2) 対応する各成分が全て等しい。すなわち，すべての i, j に対し，$a_{ij} = b_{ij}$ である。

問 1.1 次の相等が成り立つように x と y の値を定めよ。

$$\begin{pmatrix} 3 & xy \\ x^2 - y^2 & 0 \end{pmatrix} = \begin{pmatrix} x+y & 2 \\ -3 & 0 \end{pmatrix}.$$

定義 1.2 (行列の演算1: 和) 同じ型の2つの行列 $A = (a_{ij})$, $B = (b_{ij})$ に対し，その和 $A + B$ を

$$A + B = (a_{ij} + b_{ij})$$

と定義する。すなわち，

$$\begin{pmatrix} a_{11} & a_{12} & \cdots & a_{1n} \\ a_{21} & a_{22} & \cdots & a_{2n} \\ \vdots & \vdots & \vdots & \vdots \\ a_{m1} & a_{m2} & \cdots & a_{mn} \end{pmatrix} + \begin{pmatrix} b_{11} & b_{12} & \cdots & b_{1n} \\ b_{21} & b_{22} & \cdots & b_{2n} \\ \vdots & \vdots & \vdots & \vdots \\ b_{m1} & b_{m2} & \cdots & b_{mn} \end{pmatrix}$$

$$= \begin{pmatrix} a_{11} + b_{11} & a_{12} + b_{12} & \cdots & a_{1n} + b_{1n} \\ a_{21} + b_{21} & a_{22} + b_{22} & \cdots & a_{2n} + b_{2n} \\ \vdots & \vdots & \vdots & \vdots \\ a_{m1} + b_{m1} & a_{m2} + b_{m2} & \cdots & a_{mn} + b_{mn} \end{pmatrix}$$

である。

これは例 1.1 の計算に対応した定義である。

定義 1.3 (行列の演算 2: スカラー倍) λ をスカラー (数) とする．行列 $A = (a_{ij})$ に対し，その**スカラー倍** λA を $\lambda A = (\lambda a_{ij})$ で定義する．すなわち，

$$\lambda A = \begin{pmatrix} \lambda a_{11} & \lambda a_{12} & \ldots & \lambda a_{1n} \\ \lambda a_{21} & \lambda a_{22} & \ldots & \lambda a_{2n} \\ \vdots & \vdots & \vdots & \vdots \\ \lambda a_{m1} & \lambda a_{m2} & \ldots & \lambda a_{mn} \end{pmatrix}$$

とする．

これは例 1.2 の計算に対応した定義である．

注意 1.4 $(-1)A$ を $-A$ で表す．また，$A+(-B)$ を $A-B$ と書く．

行列の積は以下のように定義されるが，まず 2 行 2 列の行列同士の場合を説明する．2 つの行列 $A = \begin{pmatrix} a & b \\ c & d \end{pmatrix}$, $B = \begin{pmatrix} p & q \\ r & s \end{pmatrix}$ に対し，その積 AB は

$$AB = \begin{pmatrix} a & b \\ c & d \end{pmatrix} \begin{pmatrix} p & q \\ r & s \end{pmatrix} = \begin{pmatrix} ap+br & aq+bs \\ cp+dr & cq+ds \end{pmatrix}$$

で定義される．これは，例 1.3 の計算に対応したものである．一般の場合には次のように定義する：

定義 1.4 (行列の演算 3: 積) $\ell \times m$ 行列 $A = (a_{ij})_{\ell \times m}$ と $m \times n$ 行列 $B = (b_{ij})_{m \times n}$ に対し，その**積** $C = (c_{ij})_{\ell \times n}$ を

$$c_{ij} = a_{i1}b_{1j} + a_{i2}b_{2j} + \cdots + a_{im}b_{mj} = \sum_{k=1}^{m} a_{ik}b_{kj}$$

$(i = 1, 2, \cdots, \ell,\ j = 1, 2, \cdots, n)$ と定義し，$C = AB$ と書く．

注意 1.5 行列の積は，

$$(i)\begin{pmatrix} a_{11} & a_{12} & \ldots & a_{1m} \\ \vdots & \vdots & & \vdots \\ a_{i1} & a_{i2} & \ldots & a_{im} \\ \vdots & \vdots & & \vdots \\ a_{l1} & a_{l2} & \ldots & a_{lm} \end{pmatrix} \begin{pmatrix} b_{11} & \ldots & \overset{(j)}{b_{1j}} & \ldots & b_{1n} \\ b_{21} & \ldots & b_{2j} & \ldots & b_{2n} \\ \vdots & & \vdots & & \vdots \\ \vdots & & \vdots & & \vdots \\ b_{m1} & \ldots & b_{mj} & \ldots & b_{mn} \end{pmatrix}$$

$$= (i) \begin{pmatrix} c_{11} & \cdots & c_{1j} & \cdots & c_{1n} \\ \vdots & & \vdots & & \vdots \\ c_{i1} & \cdots & c_{ij} & \cdots & c_{in} \\ \vdots & & \vdots & & \vdots \\ c_{l1} & \cdots & c_{lj} & \cdots & c_{ln} \end{pmatrix} \overset{(j)}{}$$

のように「ヨコ × タテ」と覚えるとよい。また，積 AB は A の列の数と B の行の数が一致するときに定義されるので，「$(\ell \times m)(m \times n) \to (\ell \times n)$」となる。

例 1.4

(1) $5 \begin{pmatrix} 0 & -1 & 3 \\ -2 & 0 & 1 \end{pmatrix} = \begin{pmatrix} 0 & -5 & 15 \\ -10 & 0 & 5 \end{pmatrix}.$

(2) $\begin{pmatrix} x & y \\ x^2 & y^2 \\ x^3 & y^3 \end{pmatrix} - \begin{pmatrix} y & x \\ y^2 & x^2 \\ y^3 & x^3 \end{pmatrix} = \begin{pmatrix} x-y & y-x \\ x^2-y^2 & y^2-x^2 \\ x^3-y^3 & y^3-x^3 \end{pmatrix}$

$$= (x-y) \begin{pmatrix} 1 & -1 \\ x+y & -x-y \\ x^2+xy+y^2 & -x^2-xy-y^2 \end{pmatrix}.$$

(3) $\begin{pmatrix} -1 & 2 & -3 \\ 4 & -5 & 6 \end{pmatrix} \begin{pmatrix} 5 & -4 \\ 3 & -2 \\ 1 & 0 \end{pmatrix} = \begin{pmatrix} -2 & 0 \\ 11 & -6 \end{pmatrix}.$

(4) $\begin{pmatrix} 1 & 2 & -3 \\ -4 & 0 & 6 \\ 7 & 8 & -1 \end{pmatrix} \begin{pmatrix} 1 \\ -2 \\ -1 \end{pmatrix} = \begin{pmatrix} 0 \\ -10 \\ -8 \end{pmatrix}.$

問 1.2 次の，行列の積を計算せよ。

(1) $\begin{pmatrix} 1 & 2 \\ 3 & 4 \end{pmatrix} \begin{pmatrix} 4 & 3 \\ 2 & 1 \end{pmatrix},$ (2) $\begin{pmatrix} 1 & 3 \\ 2 & 6 \end{pmatrix} \begin{pmatrix} 6 & -3 \\ -2 & 1 \end{pmatrix},$

(3) $\begin{pmatrix} 5 & -4 \\ 3 & -2 \\ 1 & 0 \end{pmatrix} \begin{pmatrix} -1 & 2 & -3 \\ 4 & -5 & 6 \end{pmatrix},$ (4) $\begin{pmatrix} -1 & 2 & 3 \end{pmatrix} \begin{pmatrix} 0 \\ -10 \\ -8 \end{pmatrix}.$

正方行列 A に対し, $A^2 = AA$ と書く. 以下, 帰納的に行列 A の **n 乗**を $A^n = A^{n-1}A$ (n は自然数) と定義する.

問 1.3 次の行列の n 乗を計算せよ.

(1) $\begin{pmatrix} 1 & 1 \\ 0 & 1 \end{pmatrix}$, (2) $\begin{pmatrix} 1 & 1 & 1 \\ 0 & 1 & 1 \\ 0 & 0 & 1 \end{pmatrix}$, (3) $\begin{pmatrix} 0 & 0 & 1 \\ 1 & 0 & 0 \\ 0 & 1 & 0 \end{pmatrix}$.

全ての成分が 0 である $m \times n$ 行列を**零行列**といい, 記号 O で表す. また, 対角成分がすべて 1 で残りの全ての成分が 0 である $n \times n$ 行列

$$E = \begin{pmatrix} 1 & & & & \\ & 1 & & O & \\ & & \ddots & & \\ & O & & \ddots & \\ & & & & 1 \end{pmatrix}$$

を n 次の**単位行列**といい, E (必要であれば E_n) で表す.

零行列や単位行列に関して, 以下の性質が成り立つのは明らかであろう.

定理 1.1 行列の和や積が定義される場合について, 以下が成り立つ.

(1) $A + O = O + A = A$, $A + (-A) = O$,
(2) $AE = A$, $EA = A$, $AO = O$, $OA = O$.

行列の演算に関して, 以下の性質が成り立つ.

定理 1.2 (演算法則 1) 同じ型の行列 A, B, C およびスカラー λ, μ に対し, 以下が成り立つ.

(1) $A + B = B + A$ (和に関する交換法則),
(2) $(A + B) + C = A + (B + C)$ (和に関する結合法則),
(3) $\lambda(A + B) = \lambda A + \lambda B$, $(\lambda + \mu)A = \lambda A + \mu A$
   (スカラー倍に関する分配法則),
(4) $(\lambda\mu)A = \lambda(\mu A)$,
(5) $1A = A$, $0A = O$.

問 1.4 定理 1.1–1.2 を示せ。

定理 1.3 (演算法則 2) 行列の積が定義されるとき，以下が成り立つ．

(1) $(AB)C = A(BC)$ (積に関する結合法則)，
(2) $A(B+C) = AB + AC$, $(A+B)C = AC + BC$
    (積に関する分配法則)，
(3) $(\lambda A)B = A(\lambda B) = \lambda(AB)$.

(1) の証明. $A = (a_{pq})_{k \times \ell}$, $B = (b_{qr})_{\ell \times m}$, $C = (c_{rs})_{m \times n}$ とすると，両辺は定義され共に $k \times n$ 行列である．行列 X の (i, j) 成分を $[X]_{ij}$ と書くことにする．$p = 1, 2, \cdots, k$, $s = 1, 2, \cdots, n$ に対し

$$[(AB)C]_{ps} = \sum_{r=1}^{m} [AB]_{pr} c_{rs}$$
$$= \sum_{r=1}^{m} (\sum_{q=1}^{\ell} a_{pq} b_{qr}) c_{rs} = \sum_{q=1}^{\ell} a_{pq} (\sum_{r=1}^{m} b_{qr} c_{rs})$$
$$= \sum_{q=1}^{\ell} a_{pq} [BC]_{qs} = [A(BC)]_{ps}$$

となる．したがって，$(AB)C = A(BC)$ である． □

問 1.5 定理 1.3 の (2) と (3) を示せ．

注意 1.6 行列の積に関しては，交換法則が成り立たない．すなわち，A, B を $n \times n$ 行列とするとき，一般に $AB \neq BA$ である．例えば，

$$\begin{pmatrix} 1 & 2 \\ 3 & 4 \end{pmatrix} \begin{pmatrix} 4 & 3 \\ 2 & 1 \end{pmatrix} = \begin{pmatrix} 8 & 5 \\ 20 & 13 \end{pmatrix}, \quad \begin{pmatrix} 4 & 3 \\ 2 & 1 \end{pmatrix} \begin{pmatrix} 1 & 2 \\ 3 & 4 \end{pmatrix} = \begin{pmatrix} 13 & 20 \\ 5 & 8 \end{pmatrix}$$

となる．

問 1.6 A, B を同じ型の正方行列とする．次の等式は正しいか．もし正しくない場合は，どのような条件のもとで等号が成り立つか．

(1) $(A - E)(A^2 + A + E) = A^3 - E$,
(2) $(A + B)^2 = A^2 + 2AB + B^2$,
(3) $(AB)^2 = A^2 B^2$.

定義 1.5 $m \times n$ 行列 $A = (a_{ij})$ に対し，その行と列を入れかえてできる $n \times m$ 行列を A の**転置行列**といい記号 ${}^t\!A$ で表す．すなわち，

$$
{}^t\!A = \begin{pmatrix} a_{11} & a_{21} & \dots & a_{m1} \\ a_{12} & a_{22} & \dots & a_{m2} \\ \vdots & \vdots & \vdots & \vdots \\ a_{1n} & a_{2n} & \dots & a_{mn} \end{pmatrix}
$$

であり，${}^t\!A = (a'_{ij})$ とすると，$a'_{ij} = a_{ji}$ である．

例 1.5 $A = \begin{pmatrix} 1 & 2 & 3 \\ -1 & 0 & 4 \end{pmatrix}$ のとき，${}^t\!A = \begin{pmatrix} 1 & -1 \\ 2 & 0 \\ 3 & 4 \end{pmatrix}$ である．

定理 1.4 転置行列について，以下が成立する．

(1) ${}^t({}^t\!A) = A$,

(2) ${}^t(A + B) = {}^t\!A + {}^t\!B$,

(3) λ をスカラーとするとき，${}^t(\lambda A) = \lambda\, {}^t\!A$,

(4) ${}^t(AB) = {}^t\!B\, {}^t\!A$.

証明． (1)–(3) は明らかであろう．(4) を示す．$A = (a_{ij})_{\ell \times m}$, $B = (b_{ij})_{m \times n}$ とすれば，AB は $\ell \times n$ 行列であるので，${}^t(AB)$ は $n \times \ell$ 行列である．一方，${}^t\!B$ は $n \times m$ 行列，${}^t\!A$ は $m \times \ell$ 行列であるので，${}^t\!B\, {}^t\!A$ も $n \times \ell$ 行列であり，両辺の行列は同じ型である．成分を比べよう．${}^t\!A = (a'_{ij})$, ${}^t\!B = (b'_{ij})$ とすれば

$$
\begin{aligned}
[{}^t\!B\, {}^t\!A]_{ij} &= b'_{i1} a'_{1j} + b'_{i2} a'_{2j} + \cdots + b'_{im} a'_{mj} \\
&= b_{1i} a_{j1} + b_{2i} a_{j2} + \cdots + b_{mi} a_{jm} \\
&= a_{j1} b_{1i} + a_{j2} b_{2i} + \cdots + a_{jm} b_{mi} \\
&= [AB]_{ji} = [{}^t(AB)]_{ij} \quad (i = 1,\, 2,\, \cdots,\, n,\ j = 1,\, 2,\, \cdots,\, \ell)
\end{aligned}
$$

となる． □

次に，形に特徴のあるいくつかの行列を紹介する．

定義 1.6 (1) 関係 ${}^tA = A$ を満たす (正方) 行列 A を**対称行列**という。

(2) 関係 ${}^tB = -B$ を満たす (正方) 行列 B を**交代行列**という。

(3) 関係 ${}^tPP = E$ を満たす正方行列 P を**直交行列**という。

(4) 正方行列において，対角線から上 (または下) の成分がすべて 0 であるものを**上 (または下) 三角行列**という。

(5) 正方行列において，対角成分以外の成分がすべて 0 であるものを**対角行列**という。

これらは連立方程式 (第 3 章) や行列の対角化 (第 5 章) において重要な役割を果たす。

例 1.6 対称，交代および直交行列それぞれの例を以下に示す。
$$A = \begin{pmatrix} 0 & a & b \\ a & 1 & c \\ b & c & 2 \end{pmatrix}, \quad B = \begin{pmatrix} 0 & -2 & 1 \\ 2 & 0 & 5 \\ -1 & -5 & 0 \end{pmatrix}, \quad P = \begin{pmatrix} \cos\theta & -\sin\theta & 0 \\ \sin\theta & \cos\theta & 0 \\ 0 & 0 & 1 \end{pmatrix}.$$

例 1.7 三角行列や対角行列は，それぞれ

$$\begin{pmatrix} a_{11} & & & & \\ & a_{22} & & * & \\ & & \ddots & & \\ & O & & \ddots & \\ & & & & a_{nn} \end{pmatrix}, \quad \begin{pmatrix} a_{11} & & & & \\ & a_{22} & & O & \\ & & \ddots & & \\ & * & & \ddots & \\ & & & & a_{nn} \end{pmatrix},$$

$$\begin{pmatrix} a_{11} & & & & \\ & a_{22} & & O & \\ & & \ddots & & \\ & O & & \ddots & \\ & & & & a_{nn} \end{pmatrix}$$

のように表される。

いままでは成分が実数である行列 (実行列) を考えてきたが，複素数を成分とする行列 (複素行列) も有用である。複素行列に対しては，以下のような考え方がある。

定義 1.7 複素行列 $A = (a_{ij})$ に対し，$\bar{a}_{ij}$ を (i,j) 成分に持つ行列を $\bar{A}$ で表し，A の**複素共役行列**という。$\bar{a}_{ji}$ を (i,j) 成分に持つ行列を A^* または $^t\bar{A} = {}^t(\bar{a}_{ij})$ と書き，A の**随伴行列**または**共役転置行列**という。ここで，$\bar{a}_{ij}$ は a_{ij} の共役複素数である。

定義 1.8 (1) 関係 $V^* = V$ を満たす複素 (正方) 行列 V を **Hermite (エルミート) 行列**という。成分が全て実数である Hermite 行列を**実対称行列**という

(2) 関係 $U^*U = E$ を満たす複素 (正方) 行列 U を**ユニタリ行列**という。

実の Hermite 行列，ユニタリ行列は，それぞれ対称行列，直交行列である。

例 1.8 Hermite 行列，ユニタリ行列の例を示す。

$$V = \begin{pmatrix} 1 & 1+2i \\ 1-2i & -2 \end{pmatrix}, \quad U = \begin{pmatrix} \frac{1}{\sqrt{2}} & \frac{1}{2} & \frac{1}{2} \\ 0 & \frac{i}{\sqrt{2}} & -\frac{i}{\sqrt{2}} \\ -\frac{1}{\sqrt{2}} & \frac{1}{2} & \frac{1}{2} \end{pmatrix}.$$

1.2 逆行列

A を n 次の正方行列とする。

定義 1.9 A に対し，関係式

$$AX = XA = E \quad (E \text{ は } n \text{ 次の単位行列}) \tag{1.2}$$

をみたす n 次の正方行列 X が存在するとき，X を A の**逆行列**といい，A^{-1} で表す。同じことであるが

$$AA^{-1} = A^{-1}A = E \tag{1.3}$$

と書くこともできる。逆行列をもつ行列を**正則行列**という。

例 1.9 行列 $A = \begin{pmatrix} 1 & 2 \\ 3 & 5 \end{pmatrix}$ の逆行列は $A^{-1} = \begin{pmatrix} -5 & 2 \\ 3 & -1 \end{pmatrix}$ であり，行列 $B = \begin{pmatrix} 1 & -2 & 1 \\ 3 & -1 & 1 \\ -2 & 3 & -3 \end{pmatrix}$ の逆行列は $B^{-1} = \dfrac{1}{7}\begin{pmatrix} 0 & 3 & 1 \\ -7 & 1 & -2 \\ -7 & -1 & -5 \end{pmatrix}$ である。

問 1.7 例 1.9 の結果を確認せよ。

問 1.8 次の行列は逆行列をもたないことを確かめよ．

(1) $\begin{pmatrix} 1 & 2 \\ 0 & 0 \end{pmatrix}$, (2) $\begin{pmatrix} 1 & 0 & 1 \\ 0 & 1 & 0 \\ 1 & 0 & 1 \end{pmatrix}$.

注意 1.7 逆行列は，存在したとすれば，ただ 1 つである．実際，B と C を A の逆行列とすると，逆行列の定義と定理 1.1 (2) および定理 1.3 (1) を使えば $C = CE = C(AB) = (CA)B = EB = B$ となる．

問 1.9 正方行列 A, B に対し，以下のことを示せ．

(1) $B \neq O$ で $AB = O$ のとき，A は逆行列をもたない．
(2) $A^2 + A + E = O$ のとき，$A^{-1} = A^2$ である．

定理 1.5 (逆行列の性質) A, B を n 次の正則行列とすると，次が成り立つ．

(1) A^{-1} は正則行列で，$(A^{-1})^{-1} = A$ となる．
(2) ${}^tA$ は正則行列で，$({}^tA)^{-1} = {}^t(A^{-1})$ となる．
(3) AB は正則行列で，$(AB)^{-1} = B^{-1}A^{-1}$ となる．

証明．

(1) 関係式 (1.3) にほかならない．
(2) 定理 1.4 (4) より ${}^t(A^{-1})\,{}^tA = {}^t(AA^{-1}) = {}^tE = E$ である．同様に ${}^tA\,{}^t(A^{-1}) = E$ も示されるので，逆行列の定義式 (1.2) より結果が得られる．
(3) 行列の積に関する結合法則 (定理1.3 (1)) などを使えば $B^{-1}A^{-1}(AB) = B^{-1}(A^{-1}A)B = B^{-1}EB = B^{-1}B = E$，同様に $(AB)B^{-1}A^{-1} = E$ が示せるので結果が得られる．

$\square$

2×2 行列に関しては，逆行列は簡単に求めることができる．

定理 1.6 (2×2 行列の逆行列) $A = \begin{pmatrix} a & b \\ c & d \end{pmatrix}$ に対し，$\Delta = ad - bc$ とおく．

(1) $\Delta \neq 0$ であるとき，行列 A は，逆行列をもち，それは

1.2 逆行列

$$A^{-1} = \frac{1}{\Delta}\begin{pmatrix} d & -b \\ -c & a \end{pmatrix} \qquad (1.4)$$

で与えられる。

(2) $\Delta = 0$ のとき，A は逆行列をもたない。

証明．

(1) $X = \begin{pmatrix} p & q \\ r & s \end{pmatrix}$ とおき，これが行列の定義式 (1.2) をみたすように p, q, r, s を決める。$AX = E$ を計算し両辺の各成分を比べると，

$$ap + br = 1, \quad aq + bs = 0, \quad cp + dr = 0, \quad cq + ds = 1 \qquad (1.5)$$

という p, q, r, s に関する連立 1 次方程式が得られる。これより，

$$\Delta p = d, \quad \Delta q = -b, \quad \Delta r = -c, \quad \Delta s = a \qquad (1.6)$$

となる。$\Delta \neq 0$ としているので，$p = d/\Delta$, $q = -b/\Delta$, $r = -c/\Delta$, $s = a/\Delta$ が得られる。$XA = E$ を計算しても同様である。

(2) $AX = E$ となる X が存在したとすれば，(1) と同様の計算によって，$\Delta = 0$ と (1.6) 式より $a = b = c = d = 0$ となることが分かる。これは，(1.5) の第 1 式と第 4 式に矛盾する。つまり，この場合は $AX = E$ となる X は存在しないので，A は逆行列をもたない。

□

例 1.10 (1) 行列 $\begin{pmatrix} 1 & 2 \\ 3 & 4 \end{pmatrix}$ に対しては，$\Delta = -2$ であるから，逆行列は

$$\begin{pmatrix} 1 & 2 \\ 3 & 4 \end{pmatrix}^{-1} = \frac{1}{-2}\begin{pmatrix} 4 & -2 \\ -3 & 1 \end{pmatrix} = \begin{pmatrix} -2 & 1 \\ \frac{3}{2} & -\frac{1}{2} \end{pmatrix}$$ である。

(2) 行列 $\begin{pmatrix} 1 & 2 \\ 2 & 4 \end{pmatrix}$ に対しては，$\Delta = 0$ であるから，逆行列をもたない。

問 1.10 次の行列の逆行列を，(1) については (1.4) より，(2) については定義 1.9 に従って求めよ。

(1) $\begin{pmatrix} 0 & -1 \\ 1 & 0 \end{pmatrix}$, (2) $\begin{pmatrix} 1 & 2 & 3 \\ 0 & 4 & 5 \\ 0 & 0 & 6 \end{pmatrix}$.

注意 1.8 n が 3 以上のとき, $n \times n$ 行列の逆行列の求め方はそう簡単ではない. このことに関しては, 次章で学ぶ「行列式」の概念が必要となる.

1.3 行列と 1 次変換

数の組 (x, y) を組 (ξ, η) に対応させる規則 $f : (x, y) \mapsto (\xi, \eta)$ が,

$$f : \begin{cases} \xi = ax + by, \\ \eta = cx + dy \end{cases} \tag{1.7}$$

のように書かれているとき, f を **1 次変換**と呼ぶ. 一方, (1.7) を行列とベクトルの積の約束で次のように表すと,

$$\begin{pmatrix} \xi \\ \eta \end{pmatrix} = \begin{pmatrix} a & b \\ c & d \end{pmatrix} \begin{pmatrix} x \\ y \end{pmatrix} \tag{1.8}$$

となり, 対応関係がわかりやすい. このとき, 行列 $\begin{pmatrix} a & b \\ c & d \end{pmatrix}$ を **1 次変換 f を表す行列**とよぶ.

例 1.11 座標平面上の点 (x, y) を x 軸対称な点 (ξ, η) に移す移動は $\begin{cases} \xi = x, \\ \eta = -y \end{cases}$ であるから, この移動は 1 次変換であり, この 1 次変換を表す行列は $\begin{pmatrix} 1 & 0 \\ 0 & -1 \end{pmatrix}$ である.

例 1.12 座標平面上の点 (x, y) を直線 $y = x$ に関して対称な点 (ξ, η) に移す移動は $\begin{cases} \xi = y, \\ \eta = x \end{cases}$ であるから, この移動は 1 次変換であり, この 1 次変換を表す行列は $\begin{pmatrix} 0 & 1 \\ 1 & 0 \end{pmatrix}$ である.

例 1.13 (回転を表す行列) 座標平面上の点 P を原点 O の周りに θ だけ回転させる移動を考える (図 1.1). 点 P の座標を $(x, y) = (r \cos \alpha, r \sin \alpha)$ とすれば, 行き先の点 P' の座標 (ξ, η) は,

1.3 行列と1次変換

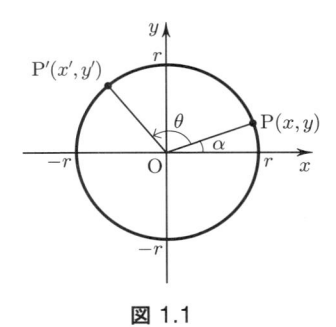

図 1.1

$$(\xi, \eta) = (r\cos(\alpha+\theta), r\sin(\alpha+\theta))$$
$$= (r\cos\alpha\cos\theta - r\sin\alpha\sin\theta, r\sin\alpha\cos\theta + r\cos\alpha\sin\theta)$$

である。すなわち，この移動は1次変換

$$\begin{cases} \xi = (\cos\theta)x - (\sin\theta)y, \\ \eta = (\sin\theta)x + (\cos\theta)y \end{cases}$$

で表され，この1次変換を表す行列は

$$\begin{pmatrix} \cos\theta & -\sin\theta \\ \sin\theta & \cos\theta \end{pmatrix}$$

である。

問 1.11 座標平面上で，次の1次変換を表す行列を求めよ。

(1) 原点を中心とする2倍の拡大,
(2) 直線 $y = 2x$ に関する対称移動.

例 1.14 ある直線の1次変換 $\begin{cases} \xi = 3x - y, \\ \eta = x + 2y \end{cases}$ による像が直線 $3x + 4y + 3 = 0$ であるとき，元の直線の方程式を求めよう。与えられた1次変換の式を $3\xi + 4\eta + 3 = 0$ に代入して，$13x + 5y + 3 = 0$ を得る。

例 1.15 行列 $\begin{pmatrix} a & 1 \\ 2 & b \end{pmatrix}$ によって直線 $x + 2y + 8 = 0$ は同じ直線に移されるという。このときの a, b の値を求めよう。$\xi = ax + y, \eta = 2x + by$ を行き先の直線の式 $\xi + 2\eta + 8 = 0$ に代入すると $(a+4)x + (1+2b)y + 8 = 0$ を

得る。これが直線 $x+2y+8=0$ に等しいから，$a=-3$, $b=\frac{1}{2}$ である。

問 1.12 1次変換 f の表す行列を $A=\begin{pmatrix} 4 & -3 \\ 2 & -1 \end{pmatrix}$ とする。以下の問いに答えよ。

(1) ある直線の1次変換 f による像が直線 $x-2y=0$ であるとき，元の直線を求めよ。

(2) 1次変換 f によって直線上の点がすべて同じ直線に移されるような直線を求めよ。

空間の点の移動に関しても，
$$\begin{cases} \xi = a_{11}x + a_{12}y + a_{13}z, \\ \eta = a_{21}x + a_{22}y + a_{23}z, \\ \zeta = a_{31}x + a_{32}y + a_{33}z \end{cases}$$
として，1次変換が定義される。この1次変換を表す行列は
$$\begin{pmatrix} a_{11} & a_{12} & a_{13} \\ a_{21} & a_{22} & a_{23} \\ a_{31} & a_{32} & a_{33} \end{pmatrix}$$
である。

問 1.13 次の行列はどのような1次変換を表す行列であるか。

(1) $\begin{pmatrix} 1 & 0 & 0 \\ 0 & 0 & 0 \\ 0 & 0 & 1 \end{pmatrix}$, (2) $\begin{pmatrix} \cos\theta & -\sin\theta & 0 \\ \sin\theta & \cos\theta & 0 \\ 0 & 0 & 1 \end{pmatrix}$.

さて，1次変換 f と g が
$$g : \begin{cases} \xi = px + qy, \\ \eta = rx + sy, \end{cases} \qquad f : \begin{cases} X = a\xi + b\eta \\ Y = c\xi + d\eta \end{cases}$$
と表されているとする。つまり，f を表す行列が $A=\begin{pmatrix} a & b \\ c & d \end{pmatrix}$, g を表す行列

が $B = \begin{pmatrix} p & q \\ r & s \end{pmatrix}$ とする。いま点 (x, y) を点 (X, Y) に移す移動を考える。そのために f に g を代入すると

$$\begin{cases} X = a(px + qy) + b(rx + sy) = (ap + br)x + (aq + bs)y \\ Y = c(px + qy) + d(rx + sy) = (cp + dr)x + (cq + ds)y \end{cases}$$

となる。よって，この変換も 1 次変換であることがわかる。これを 1 次変換 f, g の**合成**といい記号 $f \circ g$ で表す。この合成変換 $f \circ g$ を表す行列は

$$\begin{pmatrix} ap + br & aq + bs \\ cp + dr & cq + ds \end{pmatrix}$$

であり，これは 1.1 節で定義した 2 つの行列の積 AB にほかならない。すなわち，行列の積は 1 次変換の合成という意味をもつのである。

一方，1 次変換 (1.7) の関係を x, y について解いてみる。$\Delta = ad - bc \neq 0$ のとき

$$f^{-1} : \begin{cases} x = \dfrac{d}{\Delta}\xi + \dfrac{-b}{\Delta}\eta, \\ y = \dfrac{-c}{\Delta}\xi + \dfrac{a}{\Delta}\eta \end{cases}$$

であり，f^{-1} も 1 次変換であることがわかる。すなわち，逆行列 (1.4) は 1 次変換 f の逆変換 f^{-1} を表す行列にほかならない。

以上より，2 つの行列の積，逆行列の関係と 1 次変換の合成，逆変換の関係とを模式的にまとめてみると，図 1.2 のようになる。なお，$\mathbb{R}^2$ は 2 次元ユークリッド空間 (座標平面) を表す。

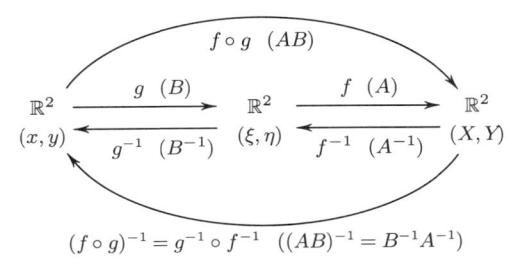

$$\mathbb{R}^2 \underset{g^{-1}\ (B^{-1})}{\overset{g\ (B)}{\rightleftarrows}} \mathbb{R}^2 \underset{f^{-1}\ (A^{-1})}{\overset{f\ (A)}{\rightleftarrows}} \mathbb{R}^2$$
$(x, y) \qquad (\xi, \eta) \qquad (X, Y)$

$f \circ g\ (AB)$

$(f \circ g)^{-1} = g^{-1} \circ f^{-1}\ ((AB)^{-1} = B^{-1}A^{-1})$

図 1.2 1 次変換の合成，逆変換と行列

1.4 連立 1 次方程式の行列表現

未知数が 2 つの連立 1 次方程式は

$$\begin{cases} ax + by = p, \\ cx + dy = q \end{cases}$$

と書けるが,これを行列を用いて

$$\begin{pmatrix} a & b \\ c & d \end{pmatrix} \begin{pmatrix} x \\ y \end{pmatrix} = \begin{pmatrix} p \\ q \end{pmatrix}$$

と表すこともできる。一般に,n 個の未知数の m 個の 1 次式の連立方程式は,

$$\begin{cases} a_{11}x_1 + a_{12}x_2 + \cdots + a_{1n}x_n = b_1, \\ a_{21}x_1 + a_{22}x_2 + \cdots + a_{2n}x_n = b_2, \\ \quad\vdots \\ a_{m1}x_1 + a_{m2}x_2 + \cdots + a_{mn}x_n = b_m \end{cases} \tag{1.9}$$

と書かれる。したがって,上と同様に行列を用いれば (1.9) は

$$\begin{pmatrix} a_{11} & a_{12} & \ldots & a_{1n} \\ a_{21} & a_{22} & \ldots & a_{2n} \\ \vdots & \vdots & & \vdots \\ a_{m1} & a_{m2} & \ldots & a_{mn} \end{pmatrix} \begin{pmatrix} x_1 \\ x_2 \\ \vdots \\ x_n \end{pmatrix} = \begin{pmatrix} b_1 \\ b_2 \\ \vdots \\ b_m \end{pmatrix} \tag{1.10}$$

と表現することもできる。さらに,式 (1.10) を略式で書けば

$$A\boldsymbol{x} = \boldsymbol{b} \tag{1.11}$$

となる。行列

$$A = \begin{pmatrix} a_{11} & a_{12} & \ldots & a_{1n} \\ a_{21} & a_{22} & \ldots & a_{2n} \\ \vdots & \vdots & & \vdots \\ a_{m1} & a_{m2} & \ldots & a_{mn} \end{pmatrix}$$

を連立 1 次方程式 (1.9) の**係数行列**という。

連立方程式 (1.9) を解くには,一般には掃き出し法 (3.1 節を参照) が使われるが,A が正方行列の場合は逆行列を用いて解くことも可能である。すなわち,

1.4 連立1次方程式の行列表現

もし A が正則とすれば (1.11) の両辺に A^{-1} をかけると $A^{-1}A\boldsymbol{x} = A^{-1}\boldsymbol{b}$ であり，$A^{-1}A\boldsymbol{x} = E\boldsymbol{x} = \boldsymbol{x}$ であるから (1.11) は

$$\boldsymbol{x} = A^{-1}\boldsymbol{b} \tag{1.12}$$

と同値である。$\boldsymbol{x}$ は未知数のベクトルであるから，(1.12) の右辺を計算することによりこの連立1次方程式は解けたことになる。

例 1.16 連立1次方程式

$$\begin{cases} x + 2y = -1, \\ 3x - y = 4 \end{cases}$$

を逆行列を用いて解こう。与えられた連立1次方程式は

$$\begin{pmatrix} 1 & 2 \\ 3 & -1 \end{pmatrix} \begin{pmatrix} x \\ y \end{pmatrix} = \begin{pmatrix} -1 \\ 4 \end{pmatrix}$$

と書けるので，

$$\begin{pmatrix} x \\ y \end{pmatrix} = \begin{pmatrix} 1 & 2 \\ 3 & -1 \end{pmatrix}^{-1} \begin{pmatrix} -1 \\ 4 \end{pmatrix}$$

$$= \frac{1}{-7} \begin{pmatrix} -1 & -2 \\ -3 & 1 \end{pmatrix} \begin{pmatrix} -1 \\ 4 \end{pmatrix} = \frac{1}{-7} \begin{pmatrix} -7 \\ 7 \end{pmatrix} = \begin{pmatrix} 1 \\ -1 \end{pmatrix},$$

すなわち $x = 1$, $y = -1$ である。

問 1.14 次の連立1次方程式を逆行列を用いて解け。

(1) $\begin{cases} 2x - y = 4, \\ x + 3y = -5, \end{cases}$

(2) $\begin{cases} x - 2y + z = 8, \\ 3x - y + z = 8, \\ -2x + 3y - 3z = -17 \end{cases}$ （例 1.9 の結果を使ってよい）．

注意 1.9 注意 1.8 で述べたように，3次以上の正方行列の逆行列を求める公式は第2章で与える（定理 2.8）。したがって，未知数が3つ以上の連立1次方程式を逆行列を用いて解くことも第2章の内容となる。

章末問題 1

1 (1) 任意の正方行列は，対称行列と交代行列の和で表すことができることを示せ．
(2) (1) の結果を利用して，次の行列を対称行列と交代行列の和で表せ．
$$\begin{pmatrix} 1 & 2 \\ 3 & 4 \end{pmatrix}, \quad \begin{pmatrix} 1 & 2 & 3 \\ 4 & 5 & 6 \\ 7 & 8 & 9 \end{pmatrix}.$$

2 $A = \begin{pmatrix} 4 & 7 \\ 9 & 0 \\ 1 & 8 \end{pmatrix}$, $B = \begin{pmatrix} 1 & 2 & 8 \\ 7 & 0 & 2 \\ 5 & 1 & 3 \end{pmatrix}$, $\boldsymbol{x} = \begin{pmatrix} 1 \\ -2 \\ 3 \end{pmatrix}$ に対し，${}^t A \boldsymbol{x}$, ${}^t \boldsymbol{x} B \boldsymbol{x}$ を計算せよ．

3 次の行列の n 乗を計算せよ．
(1) $\begin{pmatrix} a & 1 \\ 0 & a \end{pmatrix}$, (2) $\begin{pmatrix} a & 1 & 0 \\ 0 & a & 1 \\ 0 & 0 & a \end{pmatrix}$.

4 (1) 行列 $A = \begin{pmatrix} a & b \\ c & d \end{pmatrix}$ に対し，
$$A^2 - (a+d)A + (ad-bc)E = O$$
となることを示せ (これを，**Cayley-Hamilton** (ケーリー・ハミルトン) の **定理**という)．
(2) (1) の結果を利用して，$A = \begin{pmatrix} 1 & 1 \\ 2 & 2 \end{pmatrix}$ に対し A^n を計算せよ．

5 m 次正方行列 P, Q, R を

$$P = \begin{matrix} \\ \\ i) \\ \\ \\ \end{matrix} \begin{pmatrix} 1 & & & & \\ & \ddots & & & \\ & & \lambda & & \\ & & & \ddots & \\ & & & & 1 \end{pmatrix}, Q = \begin{matrix} \\ \\ \\ i) \\ \\ j) \\ \\ \end{matrix} \begin{pmatrix} 1 & & & & & \\ & \ddots & & & & \\ & & 1 & & & \\ & & \vdots & \ddots & & \\ & & \lambda & \cdots & 1 & \\ & & & & \ddots & \\ & & & & & 1 \end{pmatrix},$$

章末問題 1

$$R = \begin{pmatrix} 1 & & & & & & \\ & \ddots & & & & & \\ i) & & 0 & \cdots & 1 & & \\ & & \vdots & \ddots & \vdots & & \\ j) & & 1 & \cdots & 0 & & \\ & & & & & \ddots & \\ & & & & & & 1 \end{pmatrix}$$

で定義する。ただし，対角線上に点で示されているところはすべて 1 で，空白の場所および縦，横に点で示されているところはすべて 0 とする。このとき，次の事を示せ。

(1) PA は $m \times n$ 行列 A の第 i 行を λ 倍した行列である。
(2) QA は $m \times n$ 行列 A の第 i 行を λ 倍して第 j 行に加えた行列である。
(3) RA は $m \times n$ 行列 A の第 i 行と第 j を入れ替えた行列である。

6 次の行列 A および $\bar{A}$ は各々 Hermite 行列であることを示せ。

$$A = \begin{pmatrix} 0 & 1+i & 2+3i \\ 1-i & 1 & -i \\ 2-3i & i & 2 \end{pmatrix}.$$

7 次の行列 A に対し，A^n および A^{-1} を求めよ。

$$A = \begin{pmatrix} & & & & 1 \\ O & & & 1 & \\ & & \cdot\cdot\cdot & & \\ & 1 & & & O \\ 1 & & & & \end{pmatrix}.$$

8 (1) 1 次変換 $\begin{cases} \xi = x + 2y, \\ \eta = 3x + 4y \end{cases}$ による，直線 $3x - 2y + 1 = 0$ の像を求めよ。

(2) 直角双曲線 $xy = -1$ を原点の周りに $45°$ 回転してできる曲線の方程式を求めよ。

9 空間で次の 1 次変換を表す行列を求めよ。

(1) xy 平面に関する対称移動。
(2) y 軸に関する対称移動。
(3) 平面 $z = y$ に関する対称移動。

2
行列式

第1章で定義したように，A を n 次正方行列，E を n 次単位行列とする．
$$AX = XA = E$$
を満たす n 次正方行列が存在するとき，A の逆行列と呼んだ．この章では，行列式と言われるものを定義し，それが 0 でないことが逆行列が存在することと同値であることを学ぶ．さらに，行列式や逆行列の計算法について学習する．

2.1 行列式の定義

まず，2次の正方行列の場合を考えよう．第1章で見たように，2次の正方行列 $A = \begin{pmatrix} a & b \\ c & d \end{pmatrix}$ は，$\Delta = ad - bc \neq$ のときに限り，逆行列

$$A^{-1} = \frac{1}{\Delta} \begin{pmatrix} d & -b \\ -c & a \end{pmatrix}$$

をもった．$ad - bc$ を A の**行列式**といい，

$$\begin{vmatrix} a & b \\ c & d \end{vmatrix} \quad \text{または} \quad \det A$$

と書く．本書では，$\det A$ を用いることとする．この記号を用いれば，2次の正方行列 A の場合，A に逆行列が存在するための必要十分条件は，$\det A \neq 0$ であることになる．

この節では，一般の n 次正方行列 A に対しても，A に逆行列が存在するための必要十分条件が $\det A \neq 0$ となる様に $\det$ をうまく定義することである．

2.1 行列式の定義

定義 2.1 正方行列が逆行列をもつとき，**正則**であるという。n 次の正則行列全体からなる集合を GL_n で表す。すなわち，$A \in GL_n$ は，A が n 次正則行列であることを表す。

次の定理は容易に証明できる。

定理 2.1 $A \in GL_n, B \in GL_n, X \in M_{n,m}, Y \in M_{\ell,n}$ とする。このとき，以下が成立する。

1. $A^{-1} \in GL_n$ であり，$(A^{-1})^{-1} = A$ が成り立つ。
2. ${}^t A \in GL_n$ であり，$({}^t A)^{-1} = {}^t(A^{-1})$ が成り立つ $(= {}^t A^{-1}$ と書く$)$。
3. $\bar{A} \in GL_n$ であり，$(\bar{A})^{-1} = \overline{(A^{-1})}$ が成り立つ $(= \bar{A}^{-1}$ と書く$)$。
4. $AB \in GL_n$ であり，$(AB)^{-1} = B^{-1}A^{-1}$ が成り立つ。
5. $AX = P, YA = Q$ であれば，$X = A^{-1}P, Y = QA^{-1}$ が成り立つ。

問 2.1 定理 2.1 を示せ。

$n = 2$ の場合の det の性質を調べる。$A = \begin{pmatrix} a_{11} & a_{12} \\ a_{21} & a_{22} \end{pmatrix} \in M_2$ に対し，$\det A = a_{11}a_{22} - a_{12}a_{21}$ であった。

$$A = (\boldsymbol{a}_1, \boldsymbol{a}_2), \quad \boldsymbol{a}_1 = \begin{pmatrix} a_{11} \\ a_{21} \end{pmatrix}, \quad \boldsymbol{a}_2 = \begin{pmatrix} a_{12} \\ a_{22} \end{pmatrix}$$

とおく。det を a_{ij} や，$\boldsymbol{a}_1$ と $\boldsymbol{a}_2$ の関数と考え

$$\det A = \det(a_{ij}) = \det(\boldsymbol{a}_1, \boldsymbol{a}_2)$$

などとも書くこともある。ここでは，$\boldsymbol{a}_1$ と $\boldsymbol{a}_2$ の関数と考えてみよう。すなわち，

$$\begin{array}{ccc} \det : & M_2 & \longrightarrow & \mathbb{C} \\ & \cup & & \cup \\ & A = (\boldsymbol{a}_1, \boldsymbol{a}_2) & \longmapsto & \det A = \det(\boldsymbol{a}_1, \boldsymbol{a}_2) \end{array}$$

と考える。次の命題とその系は容易に確かめられる。

命題 2.1 $\det : M_2 \longrightarrow \mathbb{C}$ は次を満たす．

1. （2重線形性）
   (a) $\det(\boldsymbol{a}_1 + \boldsymbol{b}_1, \boldsymbol{a}_2) = \det(\boldsymbol{a}_1, \boldsymbol{a}_2) + \det(\boldsymbol{b}_1, \boldsymbol{a}_2)$,
   $\det(\boldsymbol{a}_1, \boldsymbol{a}_2 + \boldsymbol{b}_2) = \det(\boldsymbol{a}_1, \boldsymbol{a}_2) + \det(\boldsymbol{a}_1, \boldsymbol{b}_2)$.
   (b) $\det(\lambda \boldsymbol{a}_1, \boldsymbol{a}_2) = \det(\boldsymbol{a}_1, \lambda \boldsymbol{a}_2) = \lambda \det(\boldsymbol{a}_1, \boldsymbol{a}_2)$.
2. （交代性） $\det(\boldsymbol{a}_1, \boldsymbol{a}_2) = -\det(\boldsymbol{a}_2, \boldsymbol{a}_1)$.
3. （正規化条件） $\det E_2 = 1$.

証明は問とする．

系 2.1 $\det(\boldsymbol{a}_1, \boldsymbol{a}_1) = 0$.

証明は問とする．

問 2.2 命題 2.1, 系 2.1 を示せ．

次の命題は，2重線形性，交代性，正規化条件の3つの性質が，M_2 上の行列式を完全に特徴付けていることを意味する．

命題 2.2 M_2 から $\mathbb{C}$ への関数 D が2重線形性，交代性，正規化条件を満たすならば，$D = \det$ である．

証明.
$$\boldsymbol{e}_1 = \begin{pmatrix} 1 \\ 0 \end{pmatrix}, \quad \boldsymbol{e}_2 = \begin{pmatrix} 0 \\ 1 \end{pmatrix}$$
とする．
$$\boldsymbol{a}_1 = a_{11}\boldsymbol{e}_1 + a_{21}\boldsymbol{e}_2, \quad \boldsymbol{a}_2 = a_{12}\boldsymbol{e}_1 + a_{22}\boldsymbol{e}_2$$
であるので，2重線形性を用いて，
$$\begin{aligned}
D(\boldsymbol{a}_1, \boldsymbol{a}_2) &= D(a_{11}\boldsymbol{e}_1 + a_{21}\boldsymbol{e}_2, \boldsymbol{a}_2) \\
&= a_{11}D(\boldsymbol{e}_1, \boldsymbol{a}_2) + a_{21}D(\boldsymbol{e}_2, \boldsymbol{a}_2) \\
&= a_{11}D(\boldsymbol{e}_1, a_{12}\boldsymbol{e}_1 + a_{22}\boldsymbol{e}_2) + a_{21}D(\boldsymbol{e}_2, a_{12}\boldsymbol{e}_1 + a_{22}\boldsymbol{e}_2) \\
&= a_{11}a_{12}D(\boldsymbol{e}_1, \boldsymbol{e}_1) + a_{11}a_{22}D(\boldsymbol{e}_1, \boldsymbol{e}_2) \\
&\quad + a_{21}a_{12}D(\boldsymbol{e}_2, \boldsymbol{e}_1) + a_{21}a_{22}D(\boldsymbol{e}_2, \boldsymbol{e}_2) \\
&= (*)
\end{aligned}$$
となる．正規化条件および交代性を用いると，
$$D(\boldsymbol{e}_1, \boldsymbol{e}_2) = 1, \quad D(\boldsymbol{e}_2, \boldsymbol{e}_1) = -1$$

2.1 行列式の定義

が得られる。また，交代性を用いると，系 2.1 と同様の
$$D(\boldsymbol{e}_1, \boldsymbol{e}_1) = D(\boldsymbol{e}_2, \boldsymbol{e}_2) = 0$$
が得られる。ゆえに，
$$(*) = a_{11}a_{22} - a_{21}a_{12} = \det A$$
となる。 □

これを一般化して n 次正方行列の行列式 det を以下のように導入する。n 次正方行列
$$A = \begin{pmatrix} a_{11} & a_{12} & \cdots & a_{1n} \\ a_{21} & a_{22} & \cdots & a_{2n} \\ \vdots & \vdots & \ddots & \vdots \\ a_{n1} & a_{n2} & \cdots & a_{nn} \end{pmatrix}$$
に対し，$\boldsymbol{a}_j = \begin{pmatrix} a_{1j} \\ a_{2j} \\ \vdots \\ a_{nj} \end{pmatrix}$ とおき，$A = (\boldsymbol{a}_1, \boldsymbol{a}_2, \cdots, \boldsymbol{a}_n)$ と書く。

定義 2.2 M_n から $\mathbb{C}$ への関数

$$\begin{array}{rccc} \det : & M_n & \longrightarrow & \mathbb{C} \\ & \cup & & \cup \\ & A = (\boldsymbol{a}_1, \cdots, \boldsymbol{a}_n) & \longmapsto & \det A = \det(\boldsymbol{a}_1, \cdots, \boldsymbol{a}_n) \end{array}$$

で次の 3 つの性質を持つものを**行列式**という。

1. (n 重線形性) $j = 1, 2, \cdots, n$ に対して
   (a) $\det(\boldsymbol{a}_1, \cdots, \boldsymbol{a}_j + \boldsymbol{b}_j, \cdots, \boldsymbol{a}_n)$
       $= \det(\boldsymbol{a}_1, \cdots, \boldsymbol{a}_j, \cdots, \boldsymbol{a}_n) + \det(\boldsymbol{a}_1, \cdots, \boldsymbol{b}_j, \cdots, \boldsymbol{a}_n)$.
   (b) $\det(\boldsymbol{a}_1, \cdots, \lambda\boldsymbol{a}_j, \cdots, \boldsymbol{a}_n) = \lambda \det(\boldsymbol{a}_1, \cdots, \boldsymbol{a}_j, \cdots, \boldsymbol{a}_n)$.

2. (交代性) $j = 1, 2, \cdots, n$ に対して
   $\det(\boldsymbol{a}_1, \cdots, \boldsymbol{a}_i, \cdots, \boldsymbol{a}_j, \cdots, \boldsymbol{a}_n)$
   $\qquad\qquad = -\det(\boldsymbol{a}_1, \cdots, \boldsymbol{a}_j, \cdots, \boldsymbol{a}_i, \cdots, \boldsymbol{a}_n)$.

3. （正規化条件） $\det E_n = 1$.

問 2.3 n 重線形性を用いて，$A \in M_n$, $\lambda \in \mathbb{C}$ のとき，$\det(\lambda A) = \lambda^n \det A$ を示せ．

ここで定義した det について，$\det A \neq 0$ であることと A^{-1} が存在することが同値になるかは，2.4 節で考察する (定理 2.8)．2 次の正方行列の行列式は上で求めたので，次に 3 次の正方行列の行列式を求めてみよう．方法は，命題 2.2 の証明と同様である．

$$\boldsymbol{e}_1 = \begin{pmatrix} 1 \\ 0 \\ 0 \end{pmatrix}, \quad \boldsymbol{e}_2 = \begin{pmatrix} 0 \\ 1 \\ 0 \end{pmatrix}, \quad \boldsymbol{e}_3 = \begin{pmatrix} 0 \\ 0 \\ 1 \end{pmatrix},$$

$$A = (\boldsymbol{a}_1, \boldsymbol{a}_2, \boldsymbol{a}_3), \quad \boldsymbol{a}_j = \sum_{i=1}^{3} a_{ij} \boldsymbol{e}_i$$

とおく．3 重線形性より，

$$\det(\boldsymbol{a}_1, \boldsymbol{a}_2, \boldsymbol{a}_3) = \det\left(\sum_{i=1}^{3} a_{i1}\boldsymbol{e}_i, \sum_{j=1}^{3} a_{j2}\boldsymbol{e}_j, \sum_{k=1}^{3} a_{k3}\boldsymbol{e}_k \right)$$
$$= \sum_{i=1}^{3} \sum_{j=1}^{3} \sum_{k=1}^{3} a_{i1} a_{j2} a_{k3} \det(\boldsymbol{e}_i, \boldsymbol{e}_j, \boldsymbol{e}_k)$$

となる．交代性より，$\det(\boldsymbol{e}_i, \boldsymbol{e}_j, \boldsymbol{e}_k) \neq 0$ となるのは，i, j, k が全て異なるときのみであることが分かる．また，正規化条件および交代性より，

$$\begin{cases} \det(\boldsymbol{e}_1, \boldsymbol{e}_2, \boldsymbol{e}_3) = \det(\boldsymbol{e}_2, \boldsymbol{e}_3, \boldsymbol{e}_1) = \det(\boldsymbol{e}_3, \boldsymbol{e}_1, \boldsymbol{e}_2) = 1, \\ \det(\boldsymbol{e}_1, \boldsymbol{e}_3, \boldsymbol{e}_2) = \det(\boldsymbol{e}_2, \boldsymbol{e}_1, \boldsymbol{e}_3) = \det(\boldsymbol{e}_3, \boldsymbol{e}_2, \boldsymbol{e}_1) = -1 \end{cases}$$

が得られる．ゆえに，

$$\det(\boldsymbol{a}_1, \boldsymbol{a}_2, \boldsymbol{a}_3) = a_{11}a_{22}a_{33} + a_{21}a_{32}a_{13} + a_{31}a_{12}a_{23}$$
$$- a_{11}a_{32}a_{23} - a_{21}a_{12}a_{33} - a_{31}a_{22}a_{13}$$

となる．

以上から，M_2, M_3 上の det には，次の覚え方がある．これは，**Sarrus (サラス) の法則**と呼ばれる．

2.1 行列式の定義

M_2 :

[Sarrusの法則 2次の図]

M_3 :

[Sarrusの法則 3次の図]

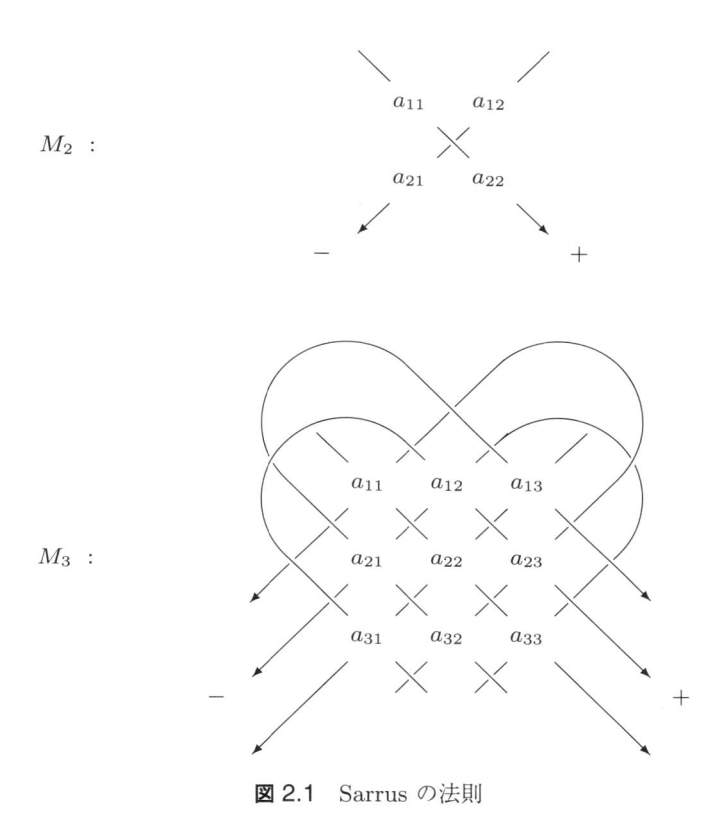

図 2.1 Sarrus の法則

注意 2.1 4次以上の行列式に対しては，Sarrus の法則に対応するものはないので注意が必要である。

例 2.1 $A = \begin{pmatrix} 6 & 2 & 9 \\ -3 & 8 & 0 \\ 4 & -1 & 2 \end{pmatrix}$ の行列式を求める。Sarrus の法則を用いて

$$\det A = 6 \cdot 8 \cdot 2 + 2 \cdot 0 \cdot 4 + 9 \cdot (-3) \cdot (-1) \\ - 4 \cdot 8 \cdot 9 - (-3) \cdot 2 \cdot 2 - 6 \cdot (-1) \cdot 0 = -153$$

が得られる。

問 2.4 次の行列の行列式を，Sarrus の法則を用いて求めよ。

$$A = \begin{pmatrix} 1 & 2 \\ 3 & 4 \end{pmatrix}, \quad {}^tA, \quad A^2, \quad B = \begin{pmatrix} 4 & -3 \\ 5 & -4 \end{pmatrix}, \quad AB, \quad BA,$$

$$C = \begin{pmatrix} 4 & 2 & 0 \\ 5 & 0 & 3 \\ -1 & 6 & -3 \end{pmatrix}, \quad D = \begin{pmatrix} -3 & 2 & 1 \\ 0 & 5 & 5 \\ 6 & 1 & 3 \end{pmatrix}, \quad E = \begin{pmatrix} 2 & i & 6 \\ i & 9 & 3+i \\ 8i & 2 & 0 \end{pmatrix}.$$

4次以上の行列に対しては Sarrus の法則は存在しない．定義に従って計算するのは面倒である．要領よく計算する方法を 2.3 節で学ぶ．そのためには，行列式の特徴や性質を知る必要がある．次の定理は，それを知るために必要なものである．

定義 2.3 $\{1, 2, \cdots, n\}$ から $\{1, 2, \cdots, n\}$ 上への 1 対 1 の写像を**置換**という．σ を置換とする．$\mathrm{sgn}\,\sigma$ は，$\{1, 2, \cdots, n\}$ を $\{\sigma(1), \sigma(2), \cdots, \sigma(n)\}$ に並べ換えるあみだくじを作り，橋の数を考える．並べ換えを実現するあみだくじは一通りではないが，橋の偶奇は変わらない．σ の**符号** $\mathrm{sgn}\,\sigma$ を，

$$\mathrm{sgn}\,\sigma = \begin{cases} +1 & (\text{橋の数が偶数のとき}), \\ -1 & (\text{橋の数が奇数のとき}) \end{cases}$$

で定義する．

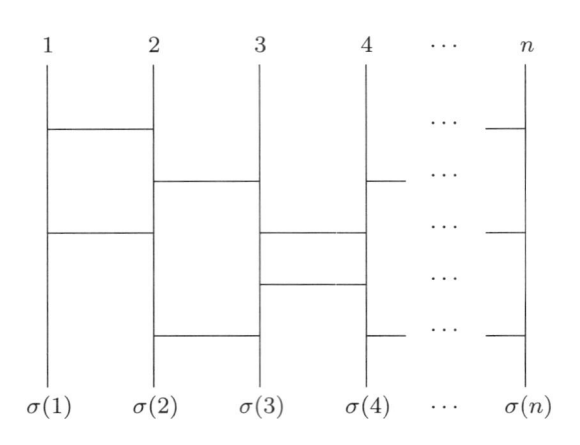

図 2.2

2.1 行列式の定義

例 2.2 $n = 3$ のとき.

$\sigma(1) = 3$, $\sigma(2) = 2$, $\sigma(3) = 1$ という置換を考える。この置換をあみだくじで表現すると,

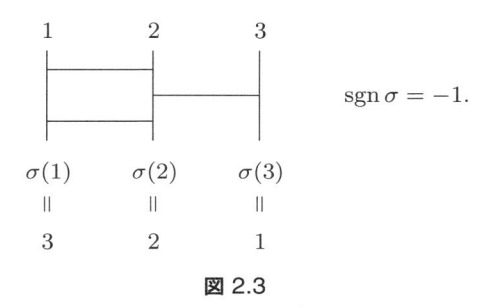

$$\mathrm{sgn}\,\sigma = -1.$$

図 2.3

となる。橋の数は 3 本で奇数である。この置換は，次のあみだくじでも実現される。

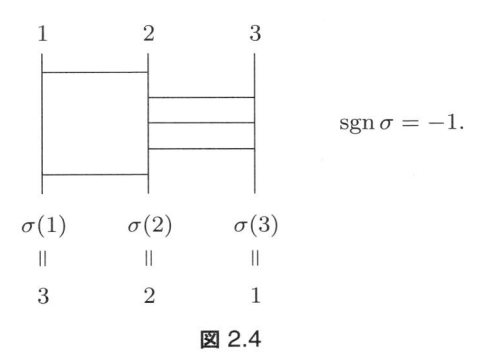

$$\mathrm{sgn}\,\sigma = -1.$$

図 2.4

橋の数は 5 本であるが，奇数であることにはかわらない。この置換の符号は -1 である。

例 2.3 $\sigma(1) = 3$, $\sigma(2) = 1$, $\sigma(3) = 2$ という置換は図 2.5 のように橋の数が偶数のあみだくじで実現される。したがって，この置換の符号は，$+1$ である。

```
         1        2        3
         |        |_____|
         |_____|        |              sgn σ = +1.
         |        |        |
        σ(1)     σ(2)     σ(3)
         ||       ||       ||
         3        1        2
```

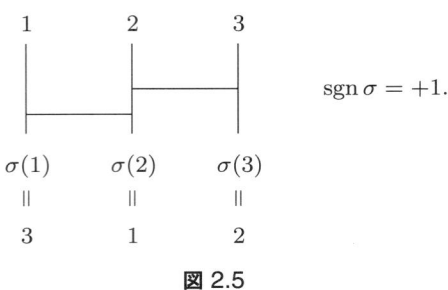

図 2.5

定理 2.2 (行列式の別の表現) $A = (a_{ij}) \in M_n$ に対し,

$$\det A = \sum_\sigma \operatorname{sgn} \sigma a_{\sigma(1)1} a_{\sigma(2)2} \cdots a_{\sigma(n)n} \tag{2.1}$$

が成立する。ここで, $\displaystyle\sum_\sigma$ は置換全てについての和をとることを表す。

注意 2.2 他の線形代数の多くは, (2.1) を定義に採用し, それから本書の定義 2.2 の 3 つの性質を導いている。逆に, 定理 2.2 は, 3 つの性質を用いることで証明できる。すなわち, 行列式の定義としては, 定義 2.2 と (2.2) のどちらを採用しても同じことになる。

- 有馬 哲, 「線型代数入門」, 東京図書, 1974,
- 佐武 一郎, 「線形代数」, 共立出版, 1997

等が, 本書と同じ方針を取っている。定理 2.2 の証明は, 決して困難な証明ではないが, 計算がやや面倒であり, 本書では割愛する。上掲書に証明は書かれているので, 興味のある読者は参照されたい。

例 2.4 $n = 3$ のときを考える。先の例で見たように, $\sigma(1) = 3$, $\sigma(2) = 2$, $\sigma(3) = 1$ という置換の符号は -1 であり, $\sigma(1) = 3$, $\sigma(2) = 1$, $\sigma(3) = 2$ という置換の符号は, $+1$ であった。従って, M_3 上の行列式において $a_{31}a_{22}a_{13}$ の項には, マイナスの符号がつき, $a_{31}a_{12}a_{23}$ の項には, プラスの符号がつく。一方,

$$\begin{aligned}\det(\boldsymbol{a}_1, \boldsymbol{a}_2, \boldsymbol{a}_3) =\ & a_{11}a_{22}a_{33} + a_{21}a_{32}a_{13} + a_{31}a_{12}a_{23} \\ & - a_{11}a_{32}a_{23} - a_{21}a_{12}a_{33} - a_{31}a_{22}a_{13}\end{aligned}$$

であった。確かに, $a_{31}a_{22}a_{13}$ と $a_{31}a_{12}a_{23}$ の符号は, 置換の符号と一致している。

問 2.5 $(a_{ij}) \in M_5$ の行列式 $\det(a_{ij})$ において $a_{31}a_{22}a_{13}a_{54}a_{45}$ の項の符号は何か。

問 2.6 M_2 および M_3 に対し，定理 2.2 を確かめよ．

2.2 行列式の性質

問 2.4 を解いた読者は，行列式の計算は面倒であると感じただろう．Sarrus の法則が使えない 4 次以上の行列式はなおさらである．行列式の様々な性質を利用することで，行列式を効率よく計算することができる．この節では行列式の性質を調べる．

問 2.4 の A について，$\det A$ と $\det {}^t\!A$ を Sarrus の法則で計算したところ値が一致した．これは偶然ではない．

定理 2.3 $\det {}^t\!A = \det A$ が成り立つ．

証明． $A = (a_{ij})_{1 \leqq i \leqq n,\ 1 \leqq j \leqq n}$ とおく．σ が $\{1, 2, \cdots, n\}$ との置換全体を動くとき，σ^{-1}（$= \sigma$ の逆置換）も置換全体を動くので，定理 2.2 より，

$$\det A = \sum_\sigma \operatorname{sgn} \sigma^{-1} a_{\sigma^{-1}(1)1} a_{\sigma^{-1}(2)2} \cdots a_{\sigma^{-1}(n)n}$$

となる．$\sigma^{-1}(1), \cdots, \sigma^{-1}(n)$ は全体として，$1, \cdots, n$ と一致しているので，これを小さい順に並べ換える．$i \in \{1, \cdots, n\}$ に対し，$\sigma^{-1}(i) = k$ とすれば，$i = \sigma(k)$ であるので，

$$\det A = \sum_\sigma \operatorname{sgn} \sigma^{-1} a_{1\sigma(1)} a_{2\sigma(2)} \cdots a_{n\sigma(n)} = (*)$$

が得られる．さらに，$\operatorname{sgn} \sigma^{-1} = \operatorname{sgn} \sigma$ であるので，

$$(*) = \det A = \sum_\sigma \operatorname{sgn} \sigma a_{1\sigma(1)} a_{2\sigma(2)} \cdots a_{n\sigma(n)} = \det {}^t\!A$$

となる． □

問 2.7 A が奇数次の正方行列で，${}^t\!A = -A$ を満たせば，$\det A = 0$ であることを，定理 2.3 を用いて示せ．

定理 2.3 から次が分かる．

系 2.2 行列式について，列に関して成立することは，行に関しても成立する．

例 2.5 n 重線形性,交代性は,行に関しても成立する。

次の定理は,行列式の計算によく使われる。

定理 2.4 行列 A のある列にその行列の他の列の λ 倍を加えても,行列式の値は不変である。すなわち,
$$\det(\boldsymbol{a}_1,\cdots,\boldsymbol{a}_i+\lambda\boldsymbol{a}_j,\cdots,\boldsymbol{a}_j,\cdots,\boldsymbol{a}_n) = \det(\boldsymbol{a}_1,\cdots,\boldsymbol{a}_i,\cdots,\boldsymbol{a}_j,\cdots,\boldsymbol{a}_n)$$
が成立する。行に関しても同様である。

証明. n 重線形性と交代性より得られる (詳細は問とする)。 □

問 2.8 定理 2.4 を示せ。

行列式は,行列の成分の積と和・差で定義されるため,成分が 0 のとき,計算量が減る。例えば $a_{i1}=0$ であれば,a_{i1} を含む項はすべて 0 になり,和・差を求める際に,考慮しないで済む。この性質と定理 2.4 を利用して,行列式の値を変えずに,計算量を減らすことができる。$a_{i1}\neq 0$ であっても,j と λ を $a_{i1}+\lambda a_{j1}=0$ となるように選べば,定理 2.4 の等式左辺に現れる行列の $(i,1)$ 成分が 0 となる。よって,そのぶん行列式の計算が容易になる。2.3 節で具体的な計算を行う。

問 2.4 の A と B について,$\det(AB)=\det A\det B$ が成り立つことがわかる。これも,偶然ではなく,一般に成り立つ性質である。次の命題はその証明の準備である。

命題 2.3 M_n から $\mathbb{C}$ への関数
$$\begin{array}{ccc} F: & M_n & \longrightarrow & \mathbb{C} \\ & \cup & & \cup \\ & A=(\boldsymbol{a}_1,\cdots,\boldsymbol{a}_n) & \longmapsto & F(\boldsymbol{a}_1,\cdots,\boldsymbol{a}_n) \end{array}$$
が n 重線形性と交代性を満たすとする。このとき,
$$F(\boldsymbol{a}_1,\cdots,\boldsymbol{a}_n)=F(\boldsymbol{e}_1,\cdots,\boldsymbol{e}_n)\det(\boldsymbol{a}_1,\cdots,\boldsymbol{a}_n)$$
が成り立つ。

証明. $\boldsymbol{a}_j=\sum_{i=1}^{n}a_{ij}\boldsymbol{e}_i$ であるので,n 重線形性から,

2.2 行列式の性質　　　　　　　　　　　　　　　　　　　　　　　　　　53

$$F(\boldsymbol{a}_1, \cdots, \boldsymbol{a}_n) = \sum_{i_1=1}^{n} \sum_{i_2=1}^{n} \cdots \sum_{i_n=1}^{n} a_{i_1 1} a_{i_2 2} \cdots a_{i_n n} F(\boldsymbol{e}_{i_1}, \boldsymbol{e}_{i_2}, \cdots, \boldsymbol{e}_{i_n})$$

となる．ここで，$i_1, i_2, \cdots, i_n$ の中に等しいものがあれば，交代性より

$$F(\boldsymbol{e}_{i_1}, \boldsymbol{e}_{i_2}, \cdots, \boldsymbol{e}_{i_n}) = 0$$

である．また，$i_1, \cdots, i_n$ が $1, \cdots, n$ を並べ換えて得られるもののとき，$i_j = \sigma(j)$ とおくと，

$$F(\boldsymbol{e}_{i_1}, \boldsymbol{e}_{i_2}, \cdots, \boldsymbol{e}_{i_n}) = F(\boldsymbol{e}_{\sigma(1)}, \boldsymbol{e}_{\sigma(2)}, \cdots, \boldsymbol{e}_{\sigma(n)}) = \operatorname{sgn} \sigma F(\boldsymbol{e}_1, \boldsymbol{e}_2, \cdots, \boldsymbol{e}_n)$$

が成り立つ (問とする)．ゆえに，

$$\begin{aligned}F(\boldsymbol{a}_1, \cdots, \boldsymbol{a}_n) &= \sum_{\sigma} \operatorname{sgn} \sigma F(\boldsymbol{e}_1, \boldsymbol{e}_2, \cdots, \boldsymbol{e}_n) a_{\sigma(1)1} a_{\sigma(2)2} \cdots a_{\sigma(n)n} \\ &= F(\boldsymbol{e}_1, \cdots, \boldsymbol{e}_n) \det(\boldsymbol{a}_1, \cdots, \boldsymbol{a}_n)\end{aligned}$$

が得られる．　　　　　　　　　　　　　　　　　　　　　　　　　　　□

問 2.9 証明中の

$$F(\boldsymbol{e}_{\sigma(1)}, \boldsymbol{e}_{\sigma(2)}, \cdots, \boldsymbol{e}_{\sigma(n)}) = \operatorname{sgn} \sigma F(\boldsymbol{e}_1, \boldsymbol{e}_2, \cdots, \boldsymbol{e}_n)$$

を示せ．

定理 2.5 $A, B \in M_n$ のとき，$\det(AB) = \det A \det B$ が成立する．

　証明．$B = (\boldsymbol{b}_1, \cdots, \boldsymbol{b}_n)$ とおくと，

$$AB = (A\boldsymbol{b}_1, \cdots, A\boldsymbol{b}_n)$$

となる．

$$F(\boldsymbol{b}_1, \boldsymbol{b}_2, \cdots, \boldsymbol{b}_n) = \det(A\boldsymbol{b}_1, A\boldsymbol{b}_2, \cdots, A\boldsymbol{b}_n) \,(= \det(AB))$$

とおくと，F は n 重線形性と交代性を満たす (問とする)．命題 2.3 より，

$$F(\boldsymbol{b}_1, \cdots, \boldsymbol{b}_n) = F(\boldsymbol{e}_1, \cdots, \boldsymbol{e}_n) \det(\boldsymbol{b}_1, \cdots, \boldsymbol{b}_n)$$

が得られる．ここで，

$$F(\boldsymbol{e}_1, \cdots, \boldsymbol{e}_n) = \det(A\boldsymbol{e}_1, \cdots, A\boldsymbol{e}_n) = \det(\boldsymbol{a}_1, \cdots, \boldsymbol{a}_n)$$

であるので，

$$\det(AB) = \det A \det B$$

となる．　　　　　　　　　　　　　　　　　　　　　　　　　　　　　□

問 **2.10** 証明中の F は，n 重線形性と交代性を満たすことを示せ．

系 2.3 $A, B \in M_n$ のとき，$\det(AB) = \det(BA)$ が成立する．

証明． 定理 2.5 を用いて，
$$\det(AB) = \det A \det B = \det B \det A = \det(BA)$$
となる． □

系 2.4 $A \in GL_n$ のとき，$\det A \neq 0$ であり，$\det(A^{-1}) = (\det A)^{-1}$ が成り立つ．

証明． $AA^{-1} = E_n$ の両辺の行列式を計算する．定理 2.5 より，
$$\det A \det(A^{-1}) = \det E_n = 1$$
となる． □

問 **2.11** $A \in M_n$ に対し，次を示せ．
(1) $\det \bar{A} = \overline{\det A}$, (2) $\det(A \,{}^t\!\bar{A}) \geqq 0$.

行列のサイズが大きくなると，行列式の計算量が一気に増える．n 次正方行列の行列式 (ただし，$n \geqq 2$) の計算を $(n-1)$ 次正方行列の行列式の計算に帰着させることを考える．これが，余因子展開である．これにより，行列式の計算量を減らすことができる．余因子展開を示すための準備をする．以後，この節では $n \geqq 2$ とする．

定義 2.4 $A = (a_{ij}) \in M_n$ とする．A から第 i 行と第 j 列を取り除いて得られる $(n-1)$ 次正方行列を A_{ij} と書く．すなわち，

$$A_{ij} = \begin{pmatrix} a_{11} & \cdots & a_{1\,j-1} & a_{1\,j+1} & \cdots & a_{1n} \\ a_{21} & \cdots & a_{2\,j-1} & a_{2\,j+1} & \cdots & a_{2n} \\ \vdots & \ddots & \vdots & \vdots & \ddots & \vdots \\ a_{i-1\,1} & \cdots & a_{i-1\,j-1} & a_{i-1\,j+1} & \cdots & a_{i-1\,n} \\ a_{i+1\,1} & \cdots & a_{i+1\,j-1} & a_{i+1\,j+1} & \cdots & a_{i+1\,n} \\ \vdots & \ddots & \vdots & \vdots & \ddots & \vdots \\ a_{n1} & \cdots & a_{n\,j-1} & a_{n\,j+1} & \cdots & a_{nn} \end{pmatrix} \in M_{n-1}$$

2.2 行列式の性質

である。このとき，
$$\alpha_{ij} = (-1)^{i+j} \det A_{ij}$$
を A の (i,j)-**余因子**という。上の式の $\det$ は，$(n-1)$ 次正方行列に対する行列式である。

例 2.6 $A = \begin{pmatrix} a_{11} & a_{12} \\ a_{21} & a_{22} \end{pmatrix} \in M_2$ のとき，

$$A_{11} = (a_{22}), \quad A_{12} = (a_{21}), \quad A_{21} = (a_{12}), \quad A_{22} = (a_{11}),$$
$$\alpha_{11} = a_{22}, \quad \alpha_{12} = -a_{21}, \quad \alpha_{21} = -a_{12}, \quad \alpha_{22} = a_{11}$$

である。

定理 2.6 (余因子展開) $A = (a_{ij}) \in M_n$ とする。次が成立する。

1. $\det A = \displaystyle\sum_{j=1}^{n} a_{ij}\alpha_{ij}$ （第 i 行による**余因子展開**という）。
2. $\det A = \displaystyle\sum_{i=1}^{n} a_{ij}\alpha_{ij}$ （第 j 列による**余因子展開**という）。

例 2.7 $A = \begin{pmatrix} a_{11} & a_{12} \\ a_{21} & a_{22} \end{pmatrix} \in M_2$ のとき，この定理を確かめてみる。

$$\sum_{j=1}^{2} a_{1j}\alpha_{1j} = a_{11}\alpha_{11} + a_{12}\alpha_{12} = a_{11}a_{22} + a_{12}\cdot(-a_{21}) = \det A,$$
$$\sum_{j=1}^{2} a_{2j}\alpha_{2j} = a_{21}\alpha_{21} + a_{22}\alpha_{22} = a_{21}\cdot(-a_{12}) + a_{22}a_{11} = \det A$$

となり，行に関する余因子展開が確かめられた。列に関する余因子展開

$$\sum_{i=1}^{2} a_{i1}\alpha_{i1} = \sum_{i=1}^{2} a_{i2}\alpha_{i2} = \det A$$

も同様に確かめることができる。

問 2.12 M_2 について，列による余因子展開の公式を確かめよ。

定理 2.6 の証明の準備として，3 つの補題を示しておく。

補題 2.1 $A = (\boldsymbol{e}_1, \boldsymbol{a}_2, \cdots, \boldsymbol{a}_n)$ のとき，$\det A = \det A_{11} = \alpha_{11}$ である．

証明. 定理 2.2 より，
$$\det A = \sum_{\sigma} \operatorname{sgn} \sigma a_{\sigma(1)1} a_{\sigma(2)2} \cdots a_{\sigma(n)n} = (*)$$
と表すことができる．$a_{11} = 1, a_{i1} = 0 \ (i \neq 1)$ であるので，
$$\begin{cases} \sigma(1) = 1 & \text{であれば} \quad a_{\sigma(1)1} a_{\sigma(2)2} \cdots a_{\sigma(n)n} = a_{\sigma(2)2} \cdots a_{\sigma(n)n}, \\ \sigma(1) \neq 1 & \text{であれば} \quad a_{\sigma(1)1} a_{\sigma(2)2} \cdots a_{\sigma(n)n} = 0 \end{cases}$$
となる．$\sigma(1) = 1$ を満たす置換に関する和を $\displaystyle\sum_{\sigma:\ \sigma(1)=1}$ で表そう．このような置換全体は，$\{2, \cdots, n\}$ からそれ自身への置換全体と考えられるので，
$$(*) = \sum_{\sigma:\ \sigma(1)=1} \operatorname{sgn} \sigma a_{\sigma(2)2} \cdots a_{\sigma(n)n} = \det A_{11} = \alpha_{11}$$
となる． □

補題 2.2 $A = (\boldsymbol{e}_i, \boldsymbol{a}_2, \cdots, \boldsymbol{a}_n)$ のとき，$\det A = (-1)^{i-1} \det A_{i1} = \alpha_{i1}$ である．

証明.
$$A = \begin{pmatrix} 0 & a_{12} & \cdots & a_{1n} \\ \vdots & \vdots & \ddots & \vdots \\ 0 & a_{i-1\ 2} & \cdots & a_{i-1\ n} \\ 1 & a_{i2} & \cdots & a_{in} \\ 0 & a_{i+1\ 2} & \cdots & a_{i+1\ n} \\ \vdots & \vdots & \ddots & \vdots \\ 0 & a_{n2} & \cdots & a_{nn} \end{pmatrix}$$

であるので，第 i 行を行の入れ換えで第 1 行に移動させる．その際入れ換える行を隣り合う 2 つの行とすれば，$(i-1)$ 回の入れ換えで元の第 i 行は第 1 行に移動させることができる．元の第 $1 \sim (i-1)$ 行はそれぞれ第 $2 \sim i$ 行に移動される．行列式の行に関する交代性より，

2.2 行列式の性質

$$\det A = (-1)^{i-1} \det \begin{pmatrix} 1 & a_{i2} & \cdots & a_{in} \\ 0 & a_{12} & \cdots & a_{1n} \\ \vdots & \vdots & \ddots & \vdots \\ 0 & a_{i-1\,2} & \cdots & a_{i-1\,n} \\ 0 & a_{i+1\,2} & \cdots & a_{i+1\,n} \\ \vdots & \vdots & \ddots & \vdots \\ 0 & a_{n2} & \cdots & a_{nn} \end{pmatrix} = (*)$$

となる。補題 2.1 より,

$$(*) = (-1)^{i-1} \det A_{i1} = (-1)^{i+1} \det A_{i1} = \alpha_{i1}$$

がわかる。 □

補題 2.3 $\det(\boldsymbol{a}_1, \cdots, \boldsymbol{a}_j, \cdots, \boldsymbol{a}_n)$
$$= (-1)^{j-1} \det(\boldsymbol{a}_j, \boldsymbol{a}_1, \cdots, \boldsymbol{a}_{j-1}, \boldsymbol{a}_{j+1}, \cdots, \boldsymbol{a}_n)$$

が成立する。

証明. 列の入れ換えで第 j 列を第 1 列に移動させる。その際入れ換える列は隣り合う 2 つの列とすれば, $(j-1)$ 回の入れ換えで元の第 j 列は第 1 列に移動される。元の第 $1 \sim (j-1)$ 列はそれぞれ第 $2 \sim j$ 列に移動される。行列式の列に関する交代性より主張を得る。 □

定理 2.6 の証明. 第 j 列による余因子展開を示す。

1. まず, $j = 1$ のときを考える。行列式の n 重線形性と補題 2.1–2.2 より,

$$\begin{aligned} \det A &= \det\left(\sum_{i=1}^n a_{i1}\boldsymbol{e}_i, \boldsymbol{a}_2, \cdots, \boldsymbol{a}_n\right) \\ &= \sum_{i=1}^n a_{i1} \det(\boldsymbol{e}_i, \boldsymbol{a}_2, \cdots, \boldsymbol{a}_n) \\ &= \sum_{i=1}^n a_{i1}\alpha_{i1} \end{aligned}$$

となる。

2. $j \neq 1$ のときは, まず, 補題 2.3 より,

$$\det(\boldsymbol{a}_1, \cdots, \boldsymbol{a}_j, \cdots, \boldsymbol{a}_n)$$
$$= (-1)^{j-1} \det(\boldsymbol{a}_j, \boldsymbol{a}_1, \cdots, \boldsymbol{a}_{j-1}, \boldsymbol{a}_{j+1}, \cdots, \boldsymbol{a}_n)$$

と変形する。$j=1$ のときの結果を用いると，右辺は，

$$(-1)^{j-1} \sum_{i=1}^{n} a_{ij}(-1)^{i-1} \det A_{ij} = \sum_{i=1}^{n} a_{ij}\alpha_{ij}$$

と等しいことがわかり，主張が証明できた。

A の転置行列の列による余因子展開は，A の行による余因子展開である。すでに，示されたことにより，A の転置行列の列による余因子展開は，$\det {}^t\!A$ に等しい。定理 2.3 により，これは $\det A$ に等しい。ゆえに，A の行による余因子展開が成り立つ。 □

問 2.13 $A = (a_{ij}) \in M_n$ が上三角行列，すなわち $i > j$ のとき，$a_{ij} = 0$ であるとき，
$$\det A = a_{11}a_{22}\cdots a_{nn}$$
であることを，余因子展開を用いて示せ。

第 0 章で学んだ外積を行列式を用いて表現しよう。ベクトルを縦ベクトルで表すと，

$$\boldsymbol{a} = \begin{pmatrix} a_1 \\ a_2 \\ a_3 \end{pmatrix}, \quad \boldsymbol{b} = \begin{pmatrix} b_1 \\ b_2 \\ b_3 \end{pmatrix} \text{ のとき } \boldsymbol{a} \times \boldsymbol{b} = \begin{pmatrix} a_2 b_3 - a_3 b_2 \\ -(a_1 b_3 - a_3 b_1) \\ a_1 b_2 - a_2 b_1 \end{pmatrix}$$

であった。$\boldsymbol{e}_1, \boldsymbol{e}_2, \boldsymbol{e}_3$ と 2 次の正方行列に対する行列式を用いると，

$$\boldsymbol{a} \times \boldsymbol{b} = \det\begin{pmatrix} a_2 & a_3 \\ b_2 & b_3 \end{pmatrix} \boldsymbol{e}_1 - \det\begin{pmatrix} a_1 & a_3 \\ b_1 & b_3 \end{pmatrix} \boldsymbol{e}_2 + \det\begin{pmatrix} a_1 & a_2 \\ b_1 & b_2 \end{pmatrix} \boldsymbol{e}_3$$

となる。右辺は，第 1 行の成分がベクトルである行列

$$\begin{pmatrix} \boldsymbol{e}_1 & \boldsymbol{e}_2 & \boldsymbol{e}_3 \\ a_1 & a_2 & a_3 \\ b_1 & b_2 & b_3 \end{pmatrix}$$

の第 1 行による余因子展開である。したがって，外積は，

2.2 行列式の性質

$$\boldsymbol{a} \times \boldsymbol{b} = \det \begin{pmatrix} \boldsymbol{e}_1 & \boldsymbol{e}_2 & \boldsymbol{e}_3 \\ a_1 & a_2 & a_3 \\ b_1 & b_2 & b_3 \end{pmatrix}$$

と表される。$\boldsymbol{c} = \begin{pmatrix} c_1 \\ c_2 \\ c_3 \end{pmatrix}$ とすると，スカラー三重積 $(\boldsymbol{a} \times \boldsymbol{b}) \cdot \boldsymbol{c}$ は，

$$\begin{aligned}
(\boldsymbol{a} \times \boldsymbol{b}) \cdot \boldsymbol{c} &= \det \begin{pmatrix} a_2 & a_3 \\ b_2 & b_3 \end{pmatrix} c_1 - \det \begin{pmatrix} a_1 & a_3 \\ b_1 & b_3 \end{pmatrix} c_2 + \det \begin{pmatrix} a_1 & a_2 \\ b_1 & b_2 \end{pmatrix} c_3 \\
&= \det \begin{pmatrix} c_1 & c_2 & c_3 \\ a_1 & a_2 & a_3 \\ b_1 & b_2 & b_3 \end{pmatrix} = \det \begin{pmatrix} a_1 & a_2 & a_3 \\ b_1 & b_2 & b_3 \\ c_1 & c_2 & c_3 \end{pmatrix} \\
&= \det \begin{pmatrix} a_1 & b_1 & c_1 \\ a_2 & b_2 & c_2 \\ a_3 & b_3 & c_3 \end{pmatrix} = \det(\boldsymbol{a}, \boldsymbol{b}, \boldsymbol{c})
\end{aligned}$$

となる。

例 2.8 行列式の性質を利用して，$(\boldsymbol{a} \times \boldsymbol{b}) \cdot \boldsymbol{c} = (\boldsymbol{b} \times \boldsymbol{c}) \cdot \boldsymbol{a}$ を示そう。交代性を利用して，

$$(\boldsymbol{a} \times \boldsymbol{b}) \cdot \boldsymbol{c} = \det(\boldsymbol{a}, \boldsymbol{b}, \boldsymbol{c}) = -\det(\boldsymbol{b}, \boldsymbol{a}, \boldsymbol{c}) = \det(\boldsymbol{b}, \boldsymbol{c}, \boldsymbol{a}) = (\boldsymbol{b} \times \boldsymbol{c}) \cdot \boldsymbol{a}$$

となる。

問 2.14 行列式の性質を利用して，$\boldsymbol{a} \times \boldsymbol{a} = \boldsymbol{o}$, $\boldsymbol{a} \times \boldsymbol{b} = -\boldsymbol{b} \times \boldsymbol{a}$, $(\boldsymbol{a} \times \boldsymbol{b}) \cdot \boldsymbol{a} = 0$, $(\boldsymbol{a} \times \boldsymbol{b}) \cdot \boldsymbol{b} = 0$ を確かめよ。

例 2.9 第 0 章で見たように，3 つのベクトル $\boldsymbol{a}, \boldsymbol{b}, \boldsymbol{c}$ が平行六面体を張るとき，外積 $\boldsymbol{a} \times \boldsymbol{b}$ の絶対値は，ベクトル $\boldsymbol{a}$ と $\boldsymbol{b}$ が張る平行四辺形の面積に等しく，スカラー三重積 $(\boldsymbol{a} \times \boldsymbol{b}) \cdot \boldsymbol{c}$ の絶対値は平行六面体の体積 V に等しい。すなわち，

$$T = (\boldsymbol{a} \times \boldsymbol{b}) \cdot \boldsymbol{c}$$

とおくと平行六面体の体積 V は $V = |T|$ となる。3 つのベクトル $\boldsymbol{d}_1, \boldsymbol{d}_2, \boldsymbol{d}_3$ を

$$\boldsymbol{d}_1 = \frac{\boldsymbol{b} \times \boldsymbol{c}}{T}, \quad \boldsymbol{d}_2 = \frac{\boldsymbol{c} \times \boldsymbol{a}}{T}, \quad \boldsymbol{d}_3 = \frac{\boldsymbol{a} \times \boldsymbol{b}}{T}$$

とおく。この 3 つのベクトルが張る平行六面体の体積 V_d と V の関係を求めよう。

まず，
$$d_1 \times d_2 = \frac{b \times c}{T} \times \frac{c \times a}{T} = \frac{(b \times c) \times (c \times a)}{T^2}$$

となる。外積の定義から $c \cdot (c \times a) = 0$ である。また，行列式の性質から，
$$(c \times a) \cdot b = \det(c, a, b) = \det(a, b, c) = (a \times b) \cdot c = T$$

となる。これらと Lagrange の公式
$$(x \times y) \times z = (z \cdot x)y - (y \cdot z)x$$

により，
$$(b \times c) \times (c \times a) = \{(c \times a) \cdot b\}c - \{c \cdot (c \times a)\}b = Tc$$

となる。よって，
$$d_1 \times d_2 = \frac{c}{T}$$

となる。同様に，
$$d_2 \times d_3 = \frac{a}{T}, \quad d_3 \times d_1 = \frac{b}{T}$$

となる。したがって，$T_d = (d_1 \times d_2) \cdot d_3$ とおくと，
$$T_d = \frac{c}{T} \cdot \frac{a \times b}{T} = \frac{(a \times b) \cdot c}{T^2} = \frac{1}{T}$$

となる。ゆえに，
$$V_d = |T_d| = \frac{1}{|T|} = \frac{1}{V}$$

である。T_d と d_1, d_2, d_3 を用いると，
$$a = \frac{d_2 \times d_3}{T_d}, \quad b = \frac{d_3 \times d_1}{T_d}, \quad c = \frac{d_1 \times d_2}{T_d}$$

と表される。

なお，本例題で取り上げたベクトル d_1, d_2, d_3，張る平行六面体の体積 V_d は，それぞれ，ベクトル a, b, c (格子ベクトル) とそれら張る平行六面体 (結晶格子) の体積 V に対する**逆格子ベクトル**，**逆格子体積**と呼ばれる。

2.3 行列式の計算法

行列式の計算を実例で示そう。2 次正方行列や，3 次正方行列の行列式に計算には，Sarrus の法則を用いるとよい。

行列のサイズが大きい場合は，行列式の基本性質 (定理 2.4) と余因子展開 (定理 2.6) を用いて，サイズの小さな行列の行列式の計算に帰着させる。

以下の例では，等号の上または上下に計算の内容を記し，読者の便宜をはかった。例えば，

$$第 i 行 + k \times 第 j 行$$

とは，第 i 行に第 j 行を k 倍したものを加えるという意味である。したがって，第 i 行 + 第 j 行 と 第 j 行 + 第 i 行 とは，意味が異なるので注意されたい。「展開」というのは，余因子展開のことである。行列式の計算に習熟したら，このような計算の内容を記す必要はない。

例 2.10 $A = \begin{pmatrix} 6 & 1 & 0 & 8 \\ 4 & 9 & -1 & 0 \\ -2 & 0 & 0 & 4 \\ 3 & 8 & 2 & 1 \end{pmatrix}$ の行列式を計算すると，

$$\det \begin{pmatrix} 6 & 1 & 0 & 8 \\ 4 & 9 & -1 & 0 \\ -2 & 0 & 0 & 4 \\ 3 & 8 & 2 & 1 \end{pmatrix} \overset{\text{第 4 列} + 2\times \text{第 1 列}}{=} \det \begin{pmatrix} 6 & 1 & 0 & 20 \\ 4 & 9 & -1 & 8 \\ -2 & 0 & 0 & 0 \\ 3 & 8 & 2 & 7 \end{pmatrix}$$

$$\overset{\text{第 3 行で展開}}{=} -2\det \begin{pmatrix} 1 & 0 & 20 \\ 9 & -1 & 8 \\ 8 & 2 & 7 \end{pmatrix}$$

$$\overset{\text{第 3 行} + 2\times \text{第 2 行}}{=} -2\det \begin{pmatrix} 1 & 0 & 20 \\ 9 & -1 & 8 \\ 26 & 0 & 23 \end{pmatrix}$$

$$\overset{\text{第 2 列で展開}}{=} 2\det \begin{pmatrix} 1 & 20 \\ 26 & 23 \end{pmatrix}$$

$$\overset{\text{Sarrus の法則}}{=} 2(23 - 520) = -994$$

となる。行列式の計算は一通りではない。同じ行列式を異なる方法で計算してみよう。

$$\det\begin{pmatrix} 6 & 1 & 0 & 8 \\ 4 & 9 & -1 & 0 \\ -2 & 0 & 0 & 4 \\ 3 & 8 & 2 & 1 \end{pmatrix} \underset{=}{\text{第 4 行}+2\times\text{第 2 行}} \det\begin{pmatrix} 6 & 1 & 0 & 8 \\ 4 & 9 & -1 & 0 \\ -2 & 0 & 0 & 4 \\ 11 & 26 & 0 & 1 \end{pmatrix}$$

$$\underset{=}{\text{第 3 列で展開}} \det\begin{pmatrix} 6 & 1 & 8 \\ -2 & 0 & 4 \\ 11 & 26 & 1 \end{pmatrix}$$

$$\underset{=}{\text{第 3 列}+2\times\text{第 1 列}} \det\begin{pmatrix} 6 & 1 & 20 \\ -2 & 0 & 0 \\ 11 & 26 & 23 \end{pmatrix}$$

$$\underset{=}{\text{第 2 行で展開}} 2\det\begin{pmatrix} 1 & 20 \\ 26 & 23 \end{pmatrix}$$

$$\underset{=}{\text{Sarrus の法則}} 2(23-520) = -994$$

となる。

例 2.11 $\begin{pmatrix} 0 & a & b & c \\ -a & 0 & d & e \\ -b & -d & 0 & f \\ -c & -e & -f & 0 \end{pmatrix}$ を計算する。$a=0$ のとき,

$$\det\begin{pmatrix} 0 & 0 & b & c \\ 0 & 0 & d & e \\ -b & -d & 0 & f \\ -c & -e & -f & 0 \end{pmatrix}$$

$$\underset{=}{\text{第 1 行で展開}} b\det\begin{pmatrix} 0 & 0 & e \\ -b & -d & f \\ -c & -e & 0 \end{pmatrix} - c\det\begin{pmatrix} 0 & 0 & d \\ -b & -d & 0 \\ -c & -e & -f \end{pmatrix}$$

$$\underset{\substack{\text{各行列式において}\\ \text{第 1 行で展開}}}{=} be\det\begin{pmatrix} -b & -d \\ -c & -e \end{pmatrix} - cd\det\begin{pmatrix} -b & -d \\ -c & -e \end{pmatrix}$$

$$\underset{=}{\text{Sarrus の法則}} be(be-cd) - cd(be-cd) = (be-dc)^2$$

となる。$a \neq 0$ のとき,

2.3 行列式の計算法

$$\det\begin{pmatrix} 0 & a & b & c \\ -a & 0 & d & e \\ -b & -d & 0 & f \\ -c & -e & -f & 0 \end{pmatrix}$$

$$\begin{array}{c}\text{第 3 列} - \frac{b}{a} \text{第 2 列} \\ = \\ \text{第 4 列} - \frac{c}{a} \times \text{第 2 列}\end{array} \det\begin{pmatrix} 0 & a & 0 & 0 \\ -a & 0 & d & e \\ -b & -d & \frac{bd}{a} & f+\frac{cd}{a} \\ -c & -e & -f+\frac{be}{a} & \frac{ce}{a} \end{pmatrix}$$

$$\begin{array}{c}\text{第 1 行で展開} \\ =\end{array} -a \det\begin{pmatrix} -a & d & e \\ -b & \frac{bd}{a} & f+\frac{cd}{a} \\ -c & -f+\frac{be}{a} & \frac{ce}{a} \end{pmatrix}$$

$$\begin{array}{c}\text{第 2 行と第 3 行から} \\ = \\ \frac{1}{a} \text{を括りだす。}\end{array} -\frac{1}{a} \det\begin{pmatrix} -a & d & e \\ -ab & bd & af+cd \\ -ac & -af+be & ce \end{pmatrix}$$

$$\begin{array}{c}\text{第 1 列から} \\ = \\ -a \text{を括りだす。}\end{array} \det\begin{pmatrix} 1 & d & e \\ b & bd & af+cd \\ c & -af+be & ce \end{pmatrix}$$

$$\begin{array}{c}\text{第 2 列} - d\times \text{第 1 列} \\ = \\ \text{第 3 列} - e\times \text{第 1 列}\end{array} \det\begin{pmatrix} 1 & 0 & 0 \\ b & 0 & af-be+cd \\ c & -af+be-cd & 0 \end{pmatrix}$$

$$\begin{array}{c}\text{Sarrus の法則} \\ =\end{array} (af-be+cd)^2$$

となる．ゆえに，a が 0 であるか否かに関わらず，求める行列式は $(af-be+cd)^2$ である．

例 2.12 行列式 $\det\begin{pmatrix} a & a & a & x \\ a & a & x & a \\ a & x & a & a \\ x & a & a & a \end{pmatrix}$ を因数分解すると，

$$\det\begin{pmatrix} a & a & a & x \\ a & a & x & a \\ a & x & a & a \\ x & a & a & a \end{pmatrix}$$

第 1 列 + (第 2 列 + 第 3 列 + 第 4 列)
$$= \det\begin{pmatrix} 3a+x & a & a & x \\ 3a+x & a & x & a \\ 3a+x & x & a & a \\ 3a+x & a & a & a \end{pmatrix}$$

第 1 列から $3a+x$ を括りだす。
$$= (3a+x)\det\begin{pmatrix} 1 & a & a & x \\ 1 & a & x & a \\ 1 & x & a & a \\ 1 & a & a & a \end{pmatrix}$$

第 2 行 − 第 1 行
第 3 行 − 第 1 行
第 4 行 − 第 1 行
$$= (3a+x)\det\begin{pmatrix} 1 & a & a & x \\ 0 & 0 & x-a & a-x \\ 0 & x-a & 0 & a-x \\ 0 & 0 & 0 & a-x \end{pmatrix}$$

第 1 列で展開の後，第 3 列から $a-x$ を括る。
$$= (3a+x)(a-x)\det\begin{pmatrix} 0 & x-a & 1 \\ x-a & 0 & 1 \\ 0 & 0 & 1 \end{pmatrix}$$

第 3 行で展開
$$= (3a+x)(x-a)^3$$

となる。

2.4 逆行列の計算法

この節では，行列式が 0 でない事が逆行列をもつことと同値であることを調べる．節の後半では，逆行列の計算法を学ぶ．この節でも $n \geqq 2$ とする．

定義 2.5 $A \in M_n$, A の (i,j)-余因子を α_{ij} とする．α_{ji} を (i,j)-成分にもつ n 次正方行列を A の**余因子行列**といい，$\tilde{A}$ や $\mathrm{adj}\, A$ などと書く．本書では $\tilde{A}$ を用いることにする．

注意 2.3 添字の順序に注意せよ．

2.4 逆行列の計算法

例 2.13 $n = 2$ の場合を考える。$A = \begin{pmatrix} a_{11} & a_{12} \\ a_{21} & a_{22} \end{pmatrix}$ に対し，例 2.6 より，A の余因子行列は，

$$\tilde{A} = \begin{pmatrix} \alpha_{11} & \alpha_{21} \\ \alpha_{12} & \alpha_{22} \end{pmatrix} = \begin{pmatrix} a_{22} & -a_{12} \\ -a_{21} & a_{11} \end{pmatrix}$$

である。これより，

$$A\tilde{A} = \tilde{A}A = (a_{11}a_{22} - a_{12}a_{21}) \begin{pmatrix} 1 & 0 \\ 0 & 1 \end{pmatrix}$$

が成り立つ。

問 2.15 上の例の後半で述べた関係式を確かめよ。

この関係式は，n 次正方行列の場合でも成立する。

定理 2.7 $A \in M_n$ に対し，$A\tilde{A} = \tilde{A}A = (\det A)E_n$ が成立する。

証明. 成分を考えて，

$$\sum_{i=1}^n a_{ik}\alpha_{i\ell} = \sum_{j=1}^n a_{kj}\alpha_{\ell j} = \delta_{k\ell}\det A$$

を示せばよいことがわかる。この式を示す。

1. $k = \ell$ のときは，定理 2.6 そのものである。
2. $k \neq \ell$ のとき．
$$(\boldsymbol{a}_1, \cdots, \boldsymbol{a}_{\ell-1}, \boldsymbol{a}_k, \boldsymbol{a}_{\ell+1}, \cdots, \boldsymbol{a}_k, \cdots, \boldsymbol{a}_n)$$
という行列の行列式の第 ℓ 列による余因子展開を考えると，
$$\sum_{i=1}^n a_{ik}\alpha_{i\ell}$$
となる。一方，行列式の交代性より，この行列式は 0 である。ゆえに，
$$\sum_{i=1}^n a_{ik}\alpha_{i\ell} = 0$$
である。$\displaystyle\sum_{j=1}^n a_{kj}\alpha_{\ell j} = 0$ も同様に示すことができる。 □

定理 2.8 (逆転公式) $A \in GL_n$ であるための必要十分条件は，$\det A \neq 0$ である．このとき，A^{-1} は，

$$A^{-1} = \frac{1}{\det A} \tilde{A}$$

で与えられる（この式を**逆転公式**という）．

証明． $A \in GL_n$ であれば $\det A \neq 0$ であることは，系 2.4 で述べた．逆に，$\det A \neq 0$ のとき，$X = \frac{1}{\det A} \tilde{A}$ は，定理 2.7 より，$XA = AX = E_n$ を満たすことがわかる．逆行列が存在すれば，ただ一つであるので，$X = A^{-1}$ である． □

問 2.16 $A \in M_n, B \in M_n$ とする．$AB \in GL_n$ であることと，$A \in GL_n$ かつ $B \in GL_n$ であることが同値であることを示せ．

例 2.14 $A = \begin{pmatrix} -3 & 7 & -3 \\ 2 & -5 & 3 \\ 2 & -4 & 2 \end{pmatrix}$ が正則行列かどうか確かめて，正則な場合は逆行列を計算してみる．行列式は，

$$\det \begin{pmatrix} -3 & 7 & -3 \\ 2 & -5 & 3 \\ 2 & -4 & 2 \end{pmatrix} \stackrel{\text{第1列 − 第3列}}{=} \det \begin{pmatrix} 0 & 7 & -3 \\ -1 & -5 & 3 \\ 0 & -4 & 2 \end{pmatrix}$$

$$\stackrel{\text{第1列で展開}}{=} \det \begin{pmatrix} 7 & -3 \\ -4 & 2 \end{pmatrix}$$

$$\stackrel{\text{Sarrus の法則}}{=} 14 - 12 = 2 \neq 0$$

となる．したがって，A は正則である．また，余因子は，

$$\alpha_{11} = \det \begin{pmatrix} -5 & 3 \\ -4 & 2 \end{pmatrix} = 2, \quad \alpha_{12} = -\det \begin{pmatrix} 2 & 3 \\ 2 & 2 \end{pmatrix} = 2,$$

$$\alpha_{13} = \det \begin{pmatrix} 2 & -5 \\ 2 & -4 \end{pmatrix} = 2, \quad \alpha_{21} = -\det \begin{pmatrix} 7 & -3 \\ -4 & 2 \end{pmatrix} = -2,$$

$$\alpha_{22} = \det \begin{pmatrix} -3 & -3 \\ 2 & 2 \end{pmatrix} = 0, \quad \alpha_{23} = -\det \begin{pmatrix} -3 & 7 \\ 2 & -4 \end{pmatrix} = 2,$$

2.4 逆行列の計算法

$$\alpha_{31} = \det\begin{pmatrix} 7 & -3 \\ -5 & 3 \end{pmatrix} = 6, \quad \alpha_{32} = -\det\begin{pmatrix} -3 & -3 \\ 2 & 3 \end{pmatrix} = 3,$$

$$\alpha_{33} = \det\begin{pmatrix} -3 & 7 \\ 2 & -5 \end{pmatrix} = 1$$

である。ゆえに，逆転公式を用いて，A の逆行列は，

$$A^{-1} = \frac{1}{2}\begin{pmatrix} 2 & -2 & 6 \\ 2 & 0 & 3 \\ 2 & 2 & 1 \end{pmatrix}$$

である。

例 2.15 ω を $\omega^3 = 1, \omega \neq 1$ を満たす複素数とする。このとき，行列 $A = \begin{pmatrix} 1 & 1 & 1 \\ 1 & \omega & \omega^2 \\ 1 & \omega^2 & \omega \end{pmatrix}$ が正則であることを確かめる。

$$\det\begin{pmatrix} 1 & 1 & 1 \\ 1 & \omega & \omega^2 \\ 1 & \omega^2 & \omega \end{pmatrix}$$

$\underset{\text{第3行 − 第1行}}{\overset{\text{第2行 − 第1行}}{=}} \det\begin{pmatrix} 1 & 1 & 1 \\ 0 & \omega-1 & \omega^2-1 \\ 0 & \omega^2-1 & \omega-1 \end{pmatrix}$

$\overset{\text{第1列で展開}}{=} \det\begin{pmatrix} \omega-1 & \omega^2-1 \\ \omega^2-1 & \omega-1 \end{pmatrix}$

$= \det\begin{pmatrix} \omega-1 & (\omega-1)(\omega+1) \\ (\omega-1)(\omega+1) & \omega-1 \end{pmatrix}$

$\underset{\omega-1 \text{ を括りだす。}}{\overset{\text{第1列，第2列から}}{=}} (\omega-1)^2 \det\begin{pmatrix} 1 & \omega+1 \\ \omega+1 & 1 \end{pmatrix}$

$\overset{\text{Sarrus の法則}}{=} (\omega-1)^2\{1-(\omega+1)^2\} = -\omega(\omega+2)(\omega-1)^2$

となる。$\omega \neq 0, -2, 1$ であるので、行列式は 0 でない。よって、A は正則である。$0 = \omega^3 - 1 = (\omega - 1)(\omega^2 + \omega + 1)$, $\omega \neq 1$ であるので、$\omega^3 = 1$, $\omega^2 = -\omega - 1$ である。これらを用いると、
$$\det A = -3(2\omega + 1)$$
となる。
$$\alpha_{11} = \det \begin{pmatrix} \omega & \omega^2 \\ \omega^2 & \omega \end{pmatrix} = \omega^2 - \omega^4 = -\omega - 1 - \omega = -2\omega - 1$$
が $(1, 1)$-余因子である。上の計算でも $\omega^3 = 1$, $\omega^2 = -\omega - 1$ を用いた。他も同様に
$$\alpha_{12} = \alpha_{13} = \alpha_{21} = \alpha_{31} = -2\omega - 1,$$
$$\alpha_{22} = \alpha_{33} = \omega - 1, \quad \alpha_{23} = \alpha_{32} = \omega + 2$$
と計算される (確かめよ)。よって、逆転公式を用いて、
$$A^{-1} = \frac{1}{\det A} \tilde{A} = -\frac{1}{2\omega + 1} \begin{pmatrix} -2\omega - 1 & -2\omega - 1 & -2\omega - 1 \\ -2\omega - 1 & \omega - 1 & \omega + 2 \\ -2\omega - 1 & \omega + 2 & \omega - 1 \end{pmatrix}$$
となる。ここで、
$$\frac{\omega - 1}{2\omega + 1} = \frac{-\omega^2 - 2}{2\omega + 1} = \frac{-\omega^2 - 2\omega^3}{2\omega + 1} = -\omega^2,$$
$$\frac{\omega + 2}{2\omega + 1} = \frac{2(\omega + 2) - \omega}{2\omega + 1} = \frac{-2\omega^2 - \omega}{2\omega + 1} = -\omega$$
であるので、
$$A^{-1} = \frac{1}{3} \begin{pmatrix} 1 & 1 & 1 \\ 1 & \omega^2 & \omega \\ 1 & \omega & \omega^2 \end{pmatrix}$$
となる。

なお、逆行列の別の計算法として、「掃き出し法」を次の章で学ぶ。

章末問題 2

1 $A = \begin{pmatrix} 0 & \tan\dfrac{\theta}{2} \\ -\tan\dfrac{\theta}{2} & 0 \end{pmatrix}$ とおく。行列 $P = (E_2 - A)(E_2 + A)^{-1}$ を θ を用いて表せ。ただし，E_2 は 2 次単位行列とする。

$\left(\text{ヒント}: t = \tan\dfrac{\theta}{2} \text{ とおく。} \cos\theta = \dfrac{1-t^2}{1+t^2}, \sin\theta = \dfrac{2t}{1+t^2} \text{ となる。}\right)$

2 $A(x) = (a_{ij}(x)) \in GL_n(C^1(\mathbb{R}))$ とする。すなわち，各 $x \in \mathbb{R}$ に対して，$A(x) \in GL_n(\mathbb{R})$ であり，かつ $a_{ij} \in C^1(\mathbb{R})$ であるとする。このとき，
$$\frac{d}{dx}A^{-1}(x) = -A^{-1}(x)\frac{dA(x)}{dx}A^{-1}(x)$$
であることを示せ。

3 行列式 $\det\begin{pmatrix} 1 & 2 & 3 \\ 2 & 3 & 4 \\ 3 & 4 & 5 \end{pmatrix}$ を (1) Sarrus の公式, (2) 余因子展開 によって求めよ。

4 次の行列式について，基本変形・余因子展開を用いて 2 次の行列式まで次数を下げて計算せよ。

(1) $\det\begin{pmatrix} 1 & 2 & 3 & 4 \\ 4 & 3 & 2 & 1 \\ 3 & 0 & 0 & 4 \\ 1 & 0 & 0 & 2 \end{pmatrix}$, (2) $\det\begin{pmatrix} 4 & 9 & 2 \\ 3 & 5 & 7 \\ 8 & 1 & 6 \end{pmatrix}$.

5 行列式 $\det\begin{pmatrix} 1 & 2 & 3 & 4 \\ 3 & 5 & 7 & 4 \\ 4 & 6 & 3 & 4 \\ 5 & 2 & 3 & 4 \end{pmatrix}$ を計算せよ。

6 次の行列が正則行列かどうか確かめ，正則な場合は逆行列を計算せよ。

(1) $\begin{pmatrix} \cos\theta & \sin\theta & 0 \\ -\sin\theta & \cos\theta & 0 \\ 0 & 0 & 1 \end{pmatrix}$, (2) $\begin{pmatrix} 3 & 2 & 4 \\ 0 & 2 & 1 \\ 1 & 0 & -1 \end{pmatrix}$,

(3) $\begin{pmatrix} -2 & 0 & 8 \\ 2 & 0 & 2 \\ -1 & -5 & 14 \end{pmatrix}$, (4) $A = \begin{pmatrix} 0 & c & b \\ c & 0 & a \\ b & a & 0 \end{pmatrix}$.

7 次の行列式を因数分解せよ。

(1) $\det \begin{pmatrix} a & b & c \\ a^2 & b^2 & c^2 \\ bc & ca & ab \end{pmatrix}$, (2) $\det \begin{pmatrix} 1 & ab & a+b \\ 1 & bc & b+c \\ 1 & ca & c+a \end{pmatrix}$,

(3) $\det \begin{pmatrix} 1 & 1 & 1 & 1 \\ a & b & c & d \\ a^2 & b^2 & c^2 & d^2 \\ a^4 & b^4 & c^4 & d^4 \end{pmatrix}$.

8 $\det \begin{pmatrix} 1 & 1 & \cdots & 1 \\ a_1 & a_2 & \cdots & a_n \\ a_1^2 & a_2^2 & \cdots & a_n^2 \\ \vdots & \vdots & \ddots & \vdots \\ a_1^{n-1} & a_2^{n-1} & \cdots & a_n^{n-1} \end{pmatrix} = (-1)^{\frac{n(n-1)}{2}} \prod_{i<j} (a_i - a_j)$

(**Vandermonde の行列式**) であることを次の手順で示せ。ただし,

$$\prod_{i<j} (a_i - a_j)$$

は, $1 \leqq i < j \leqq n$ のときの $a_i - a_j$ を全て掛け合わせたものである。

1. 求める行列式は $\prod_{i<j}(a_i - a_j)$ で割り切れることを示せ。
2. 求める行列式と $\prod_{i<j}(a_i - a_j)$ は共に a_1 から a_n の $\dfrac{n(n-1)}{2}$ 次式であることを示せ。ここまでで, 求める行列式は $c \prod_{i<j}(a_i - a_j)$ の形であることが分かる。ここで c は定数である。
3. $a_2 a_3^2 \cdots a_n^{n-1}$ の係数を比較することで, $c = (-1)^{\frac{n(n-1)}{2}}$ であることを示せ。

9 $n \geqq 2$ とし, $A \in M_n$ とする。A の余因子行列を $\tilde{A}$ とすると, $\det \tilde{A} \det A = (\det A)^n$ となることを示せ。

10 $A = \begin{pmatrix} -1 & a & 1-a^2 \\ a & -a^2 & a \\ 1-a^2 & a & -1 \end{pmatrix}$ が, $B = \begin{pmatrix} 0 & 1 & a \\ 1 & a & 1 \\ a & 1 & 0 \end{pmatrix}$ の余因子行列で

あることを利用して，$\det A$ を求めよ。

11 $e_1 = \begin{pmatrix} 1 \\ 0 \\ 0 \end{pmatrix}, e_2 = \begin{pmatrix} 0 \\ 1 \\ 0 \end{pmatrix}, e_3 = \begin{pmatrix} 0 \\ 0 \\ 1 \end{pmatrix}$ とし，

$$a_1 = \frac{\sqrt{3}}{2}ae_1 + \frac{a}{2}e_2, \quad a_2 = -\frac{\sqrt{3}}{2}ae_1 + \frac{a}{2}e_2, \quad a_3 = ce_3$$

とおく．ただし，$a \neq 0, c \neq 0$ とする．これらのベクトルの逆格子ベクトル

$$b_1 = \frac{a_2 \times a_3}{T}, \quad b_2 = \frac{a_3 \times a_1}{T}, \quad b_3 = \frac{a_1 \times a_2}{T}$$

を $\{e_1, e_2, e_3\}$ を用いて表せ．ここで，$T = (a_1 \times a_2) \cdot a_3$ である．

3
連立1次方程式

3.1 掃き出し法

簡単な例として，連立1次方程式

$$\begin{cases} 3x + y = 5, & (3.1) \\ x - 3y = 5 & (3.2) \end{cases}$$

を考える。まず，この連立1次方程式を解く手順を見ていくことにしよう。変数 x を消去することを方針として，式 (3.2) の両辺を3倍したものを式 (3.1) の両辺から引くと

$$\begin{cases} 10y = -10, & (3.1a) \\ x - 3y = 5 & (3.2) \end{cases}$$

となる。次に，式 (3.1a) の両辺に 1/10 を掛けることによって

$$\begin{cases} y = -1, & (3.1b) \\ x - 3y = 5 & (3.2) \end{cases}$$

となる。さらに，式 (3.1b) の両辺を3倍して，式 (3.2) の両辺に加えると

$$\begin{cases} y = -1, & (3.1b) \\ x = 2 & (3.2a) \end{cases}$$

となる。最後に式 (3.1b) と式 (3.2a) の順序を入れかえることによって

$$\begin{cases} x = 2, \\ y = -1 \end{cases}$$

となり，連立1次方程式を解くことができた。ここで，連立1次方程式を解く際に行なったことは次の3つの操作である。

3.1 掃き出し法

操作 A 式の両辺を定数倍する (ただし定数は 0 でない)。
操作 B 式の両辺を定数倍して，別の式に加える (あるいは別の式から引く)。
操作 C 式と式とを入れかえる。

ところで，式 (3.1) および (3.2) で示された連立 1 次方程式は，行列およびベクトルを用いることによって

$$\begin{pmatrix} 3 & 1 \\ 1 & -3 \end{pmatrix} \begin{pmatrix} x \\ y \end{pmatrix} = \begin{pmatrix} 5 \\ 5 \end{pmatrix}$$

のように表される。ここで

$$A = \begin{pmatrix} 3 & 1 \\ 1 & -3 \end{pmatrix}, \ \boldsymbol{x} = \begin{pmatrix} x \\ y \end{pmatrix}, \ \boldsymbol{b} = \begin{pmatrix} 5 \\ 5 \end{pmatrix}$$

とおけば

$$A\boldsymbol{x} = \boldsymbol{b}$$

となる。行列 A は連立 1 次方程式の**係数行列**と呼ばれる。行列を用いた連立 1 次方程式の解法を念頭において，係数行列 A とベクトル $\boldsymbol{b}$ とを次のように組み合わせた行列

$$\tilde{A} = (A, \boldsymbol{b}) = \begin{pmatrix} 3 & 1 & 5 \\ 1 & -3 & 5 \end{pmatrix}$$

を考える。$\tilde{A}$ は**拡大係数行列**と呼ばれる。さきほど連立 1 次方程式を解いたのと同様に，この拡大係数行列に操作を加えていくことにする。このとき，操作 A〜C を行列の場合に対応させた表現に言い換えると

操作 A 行を定数倍する (ただし定数は 0 でない)。
操作 B 行を定数倍して，別の行に加える (あるいは別の行から引く)。
操作 C 行と行とを入れかえる。

となる。行列に対するこれらの操作は**行基本変形**と呼ばれる。実際に，行基本変形を繰り返して解を求めるようすを以下に示す。

$$\begin{pmatrix} 3 & 1 & 5 \\ 1 & -3 & 5 \end{pmatrix} \underset{\text{第 1 行}-\text{第 2 行}\times 3}{\longrightarrow} \begin{pmatrix} 0 & 10 & -10 \\ 1 & -3 & 5 \end{pmatrix}$$

$$\xrightarrow[\text{第1行}\times 1/10]{} \begin{pmatrix} 0 & 1 & -1 \\ 1 & -3 & 5 \end{pmatrix}$$

$$\xrightarrow[\text{第2行}+\text{第1行}\times 3]{} \begin{pmatrix} 0 & 1 & -1 \\ 1 & 0 & 2 \end{pmatrix}$$

$$\xrightarrow[\text{第1行}\leftrightarrow\text{第2行}]{} \begin{pmatrix} 1 & 0 & 2 \\ 0 & 1 & -1 \end{pmatrix}$$

結果として，$(1,3)$ 成分と $(2,3)$ 成分に解が並び，先程と同じ解が得られる．

$$\begin{cases} x = 2, \\ y = -1. \end{cases}$$

なお，連立 1 次方程式の解が，その求め方に依存しないことからもわかるように，行基本変形をどのような順序で行うかは最終的な結果に影響しない．

ここまでは簡単な連立 1 次方程式を例として拡大係数行列を用いて解を求めるようすを示してきた．これを一般化して，n 元 m 連立 1 次方程式

$$\begin{cases} a_{11}x_1 + a_{12}x_2 \cdots + a_{1n}x_n = b_1, \\ a_{21}x_1 + a_{22}x_2 \cdots + a_{2n}x_n = b_2, \\ \vdots \qquad \vdots \qquad\qquad \vdots \qquad \vdots \\ a_{m1}x_1 + a_{m2}x_2 \cdots + a_{mn}x_n = b_m \end{cases}$$

について考えることにする．この連立 1 次方程式は，行列およびベクトルを用いることによって

$$A\bm{x} = \bm{b}$$

と表せる．ただし

$$A = \begin{pmatrix} a_{11} & a_{12} & \cdots & a_{1n} \\ a_{21} & a_{22} & \cdots & a_{2n} \\ \vdots & \vdots & \ddots & \vdots \\ a_{m1} & a_{m2} & \cdots & a_{mn} \end{pmatrix},\ \bm{x} = \begin{pmatrix} x_1 \\ x_2 \\ \vdots \\ x_n \end{pmatrix},\ \bm{b} = \begin{pmatrix} b_1 \\ b_2 \\ \vdots \\ b_m \end{pmatrix}$$

である．さきほどまでの例と同様に，行列 A は**係数行列**と呼ばれる．また，係数行列 A とベクトル $\bm{b}$ を組み合わせた行列

$$\tilde{A} = (A, \boldsymbol{b}) = \begin{pmatrix} a_{11} & a_{12} & \cdots & a_{1n} & b_1 \\ a_{21} & a_{22} & \cdots & a_{2n} & b_2 \\ \vdots & \vdots & \ddots & \vdots & \vdots \\ a_{m1} & a_{m2} & \cdots & a_{mn} & b_m \end{pmatrix}$$

は**拡大係数行列**と呼ばれる。$m > n$ である場合，この拡大係数行列に対して，最終的に

$$\begin{pmatrix} 1 & 0 & \cdots & \cdots & 0 & d_1 \\ 0 & 1 & \ddots & & \vdots & d_2 \\ \vdots & \ddots & \ddots & \ddots & \vdots & \vdots \\ \vdots & & \ddots & 1 & 0 & d_{n-1} \\ 0 & & \cdots & 0 & 1 & d_n \\ 0 & \cdots & \cdots & \cdots & \cdots & 0 \\ \vdots & & & & & \vdots \\ 0 & \cdots & \cdots & \cdots & \cdots & 0 \end{pmatrix}$$

とすることを目標として，行基本変形を繰り返していく。このように行基本変形によって対角成分以外の行列成分を消去していく操作を**掃き出し法**と呼ぶ。掃き出し法によって，上に示すような行列にたどり着くことができれば

$$\begin{cases} x_1 = d_1 \\ x_2 = d_2 \\ \vdots \quad \vdots \\ x_n = d_n \end{cases}$$

のように連立 1 次方程式を求めることができる。ただし，掃き出し法を用いることによって，行列の第 n 行より下のすべての成分を 0 にできるとは限らない。また，拡大係数行列中の

$$\begin{pmatrix} * & \cdots & * & d_1 \\ \vdots & \ddots & \vdots & \vdots \\ * & \cdots & * & d_n \\ 0 & \cdots & \cdots & 0 \\ \vdots & & & \vdots \\ 0 & \cdots & \cdots & 0 \end{pmatrix}$$

四角で囲まれた左上部の $(n \times n)$ 小行列を単位行列にできるとも限らない。このような場合については次節で考えていくことにする。

例 3.1 連立方程式

$$\begin{cases} 2x_1 - x_2 - x_3 = 2, \\ x_1 - x_2 - x_3 = 1, \\ x_1 + 2x_2 + 3x_3 = 5 \end{cases}$$

を掃き出し法を用いて解こう。行基本変形を行うと，

$$\begin{pmatrix} 2 & -1 & -1 & 2 \\ 1 & -1 & -1 & 1 \\ 1 & 2 & 3 & 5 \end{pmatrix} \xrightarrow[\text{第3行−第2行}]{\text{第1行−第2行}} \begin{pmatrix} 1 & 0 & 0 & 1 \\ 1 & -1 & -1 & 1 \\ 0 & 3 & 4 & 4 \end{pmatrix}$$

$$\xrightarrow[\text{第2行−第1行}]{} \begin{pmatrix} 1 & 0 & 0 & 1 \\ 0 & -1 & -1 & 0 \\ 0 & 3 & 4 & 4 \end{pmatrix}$$

$$\xrightarrow[\text{第3行+第2行}\times 3]{} \begin{pmatrix} 1 & 0 & 0 & 1 \\ 0 & -1 & -1 & 0 \\ 0 & 0 & 1 & 4 \end{pmatrix}$$

$$\xrightarrow[\text{第2行+第3行}]{} \begin{pmatrix} 1 & 0 & 0 & 1 \\ 0 & -1 & 0 & 4 \\ 0 & 0 & 1 & 4 \end{pmatrix}$$

$$\xrightarrow[\text{第2行}\times(-1)]{} \begin{pmatrix} 1 & 0 & 0 & 1 \\ 0 & 1 & 0 & -4 \\ 0 & 0 & 1 & 4 \end{pmatrix}$$

となる．したがって，$(x_1, x_2, x_3) = (1, -4, 4)$ である．

問 3.1 次の連立1次方程式を掃き出し法を用いて解け．

(1) $\begin{cases} x_1 + 2x_2 - 3x_3 = -3, \\ 2x_1 + x_2 + 4x_3 = 17, \\ 4x_1 - x_2 + 5x_3 = 31, \end{cases}$ (2) $\begin{cases} 3x_1 - x_2 - x_3 = 2, \\ x_1 + 2x_2 + 5x_3 = 6, \\ x_1 - 2x_2 - 4x_3 = -3, \end{cases}$

(3) $\begin{cases} 2x_1 - 3x_2 - 4x_3 = 5, \\ x_1 + x_2 + x_3 = 2, \\ 3x_1 + 6x_2 - 2x_3 = -29, \end{cases}$ (4) $\begin{cases} x_1 + 2x_2 + x_3 = 8, \\ 2x_1 - x_2 - x_3 = 5, \\ x_1 - 2x_2 + 4x_3 = 10, \end{cases}$

(5) $\begin{cases} 2x_1 - x_2 + x_3 = 3, \\ x_1 + x_2 - x_3 = 0, \\ x_1 - 3x_2 + 2x_3 = 5, \end{cases}$ (6) $\begin{cases} x_1 + 2x_2 + x_3 = 1, \\ x_1 + 3x_2 + 3x_3 = 1, \\ 2x_1 + 3x_2 + x_3 = 1. \end{cases}$

3.2 解空間と行列の階数

3.2.1 解空間

連立1次方程式の解は，常に一組であるとは限らない．それを，以下の4つの3元連立1次方程式について，拡大係数行列に対して掃き出し法を用いることによってみてみよう．

例 3.2 連立1次方程式

$$\begin{cases} x_1 + 2x_2 + x_3 = 7, \\ 2x_1 + 6x_2 + x_3 = 13, \\ x_1 + 2x_2 + 2x_3 = 10 \end{cases}$$

を考える．行基本変形を行っていくと

$$\begin{pmatrix} 1 & 2 & 1 & 7 \\ 2 & 6 & 1 & 13 \\ 1 & 2 & 2 & 10 \end{pmatrix} \xrightarrow[\text{第3行}-\text{第1行}]{\text{第2行}-\text{第1行}\times 2} \begin{pmatrix} 1 & 2 & 1 & 7 \\ 0 & 2 & -1 & -1 \\ 0 & 0 & 1 & 3 \end{pmatrix}$$

$$\xrightarrow[]{\text{第1行}-\text{第2行}} \begin{pmatrix} 1 & 0 & 2 & 8 \\ 0 & 2 & -1 & -1 \\ 0 & 0 & 1 & 3 \end{pmatrix}$$

$$\begin{array}{c} \xrightarrow[\text{第 2 行+第 3 行}]{\text{第 1 行−第 3 行×2}} \begin{pmatrix} 1 & 0 & 0 & 2 \\ 0 & 2 & 0 & 2 \\ 0 & 0 & 1 & 3 \end{pmatrix} \\ \xrightarrow[\text{第 2 行×1/2}]{} \begin{pmatrix} 1 & 0 & 0 & 2 \\ 0 & 1 & 0 & 1 \\ 0 & 0 & 1 & 3 \end{pmatrix} \end{array}$$

となる．したがって，この連立 1 次方程式の解は

$$\begin{cases} x_1 = 2, \\ x_2 = 1, \\ x_3 = 3 \end{cases}$$

と一意に求められる。

例 3.3 連立 1 次方程式

$$\begin{cases} x_1 + 2x_2 + 5x_3 = 4, \\ 3x_1 + 4x_2 + 11x_3 = 10, \\ 3x_1 + 2x_2 + 7x_3 = 8 \end{cases}$$

を考える。行基本変形を行っていくと

$$\begin{pmatrix} 1 & 2 & 5 & 4 \\ 3 & 4 & 11 & 10 \\ 3 & 2 & 7 & 8 \end{pmatrix} \xrightarrow[\text{第 3 行−第 1 行×3}]{\text{第 2 行−第 1 行×3}} \begin{pmatrix} 1 & 2 & 5 & 4 \\ 0 & -2 & -4 & -2 \\ 0 & -4 & -8 & -4 \end{pmatrix}$$

$$\xrightarrow[\text{第 3 行×(−1/4)}]{\text{第 2 行×(−1/2)}} \begin{pmatrix} 1 & 2 & 5 & 4 \\ 0 & 1 & 2 & 1 \\ 0 & 1 & 2 & 1 \end{pmatrix} \xrightarrow[\text{第 3 行−第 2 行}]{\text{第 1 行−第 2 行×2}} \begin{pmatrix} 1 & 0 & 1 & 2 \\ 0 & 1 & 2 & 1 \\ 0 & 0 & 0 & 0 \end{pmatrix}$$

となる．これを連立 1 次方程式の形に戻すと

$$\begin{cases} x_1 + x_3 = 2, \\ x_2 + 2x_3 = 1 \end{cases}$$

である。この場合，連立 1 次方程式の解は一意には決まらず，t を任意の数とすれば

3.2 解空間と行列の階数

$$\begin{cases} x_1 = -t+2, \\ x_2 = -2t+1, \\ x_3 = t \end{cases}$$

である。

定義 3.1 連立 1 次方程式の解全体からなる集合を**解空間**という。

例 3.2 の連立方程式の解空間は, 1 点からなる集合 $\{(2,1,3)\}$ である。例 3.3 の連立方程式の解空間は, 直線 $\{(x_1, x_2, x_3) = (-t+2, -2t+1, t) \ (t \in \mathbb{R})\}$ である。

例 3.4 連立 1 次方程式

$$\begin{cases} x_1 - 2x_2 + x_3 = 3, \\ 3x_1 - 6x_2 + 3x_3 = 9, \\ -2x_1 + 4x_2 - 2x_3 = -6 \end{cases}$$

を考える。行基本変形を行っていくと

$$\begin{pmatrix} 1 & -2 & 1 & 3 \\ 3 & -6 & 3 & 9 \\ -2 & 4 & -2 & -6 \end{pmatrix} \xrightarrow[\text{第 3 行+第 1 行} \times 2]{\text{第 2 行−第 1 行} \times 3} \begin{pmatrix} 1 & -2 & 1 & 3 \\ 0 & 0 & 0 & 0 \\ 0 & 0 & 0 & 0 \end{pmatrix}$$

となる。これを連立 1 次方程式の形に戻すと

$$x_1 - 2x_2 + x_3 = 3$$

である。この場合も, 解は一意には決まらず, t_1, t_2 を任意の数とすれば

$$\begin{cases} x_1 = 2t_1 - t_2 + 3, \\ x_2 = t_1, \\ x_3 = t_2 \end{cases}$$

である。解空間は平面になる。

例 3.5 連立 1 次方程式

$$\begin{cases} x_1 + 2x_2 + 5x_3 = 5, \\ 3x_1 + 4x_2 + 11x_3 = 10, \\ 3x_1 + 2x_2 + 7x_3 = 8, \end{cases}$$

を考える．行基本変形を行っていくと

$$
\begin{pmatrix} 1 & 2 & 5 & 5 \\ 3 & 4 & 11 & 10 \\ 3 & 2 & 7 & 8 \end{pmatrix} \xrightarrow[\text{第3行}-\text{第1行}\times 3]{\text{第2行}-\text{第1行}\times 3} \begin{pmatrix} 1 & 2 & 5 & 5 \\ 0 & -2 & -4 & -5 \\ 0 & -4 & -8 & -7 \end{pmatrix}
$$

$$
\xrightarrow[\text{第3行}\times(-1/4)]{\text{第2行}\times(-1/2)} \begin{pmatrix} 1 & 2 & 5 & 5 \\ 0 & 1 & 2 & 5/2 \\ 0 & 1 & 2 & 7/2 \end{pmatrix} \xrightarrow[\text{第3行}-\text{第2行}]{\text{第1行}-\text{第2行}\times 2} \begin{pmatrix} 1 & 0 & 1 & 0 \\ 0 & 1 & 2 & 5/2 \\ 0 & 0 & 0 & 1 \end{pmatrix}
$$

となる．第3行に注目して，これを元の方程式に戻そうとすると

$$\text{左辺} = 0x_1 + 0x_2 + 0x_3 = 0,$$
$$\text{右辺} = 1$$

となってしまい，等式を成り立たせるような (x_1, x_2, x_3) の組は存在しない．つまり，この連立1次方程式には解が存在しない．解空間として考えると空集合である．

以上の例からわかるように，連立1次方程式の解の存在に関しては

 I. 解が一意に存在する．
 II. 解が無数に存在する．
 III. 解が存在しない．

という3つに分類されると考えられる．

一般の連立1次方程式の解の存在の分類を扱うために，次項で行列の**階数**を定義する．

3.2.2 行列の階数

行列の**階数**を定義するのには様々な方法があるが，ここでは**階段行列**による定義について説明することにする．

階 段 行 列

$m \times n$ 行列 A について，左から 0 が連続して並ぶようすを，上の行から下への行へと見ていくとき，0 の個数が単調に増えていく行列を**階段行列**と呼ぶ．下に示す階段行列から見てとれるように，左から 0 が連続して並んだ部分とそ

3.2 解空間と行列の階数

うでない部分との間の境界が階段状になる。

$$A = \begin{pmatrix} 0 & \cdots & 0 & a_{1j_1} & \cdots & & & & & \\ 0 & \cdots & \cdots & \cdots & 0 & a_{2j_2} & \cdots & & & \\ \vdots & & & & & & \vdots & & & \\ 0 & \cdots & \cdots & \cdots & \cdots & \cdots & 0 & a_{rj_r} & \cdots & \\ 0 & \cdots & \cdots & \cdots & \cdots & \cdots & \cdots & \cdots & 0 \\ \vdots & & & & & & & & \vdots \\ 0 & \cdots & \cdots & \cdots & \cdots & \cdots & \cdots & \cdots & 0 \end{pmatrix}$$

(ただし, $a_{1j_1}, a_{2j_2}, \ldots, a_{rj_r} \neq 0$ である。)

任意の行列は, 掃き出し法によって階段行列にすることができる。具体的には以下の2つの行基本変形を繰り返せばよい。

1. もし下に示すように, 下の第 j 行と比べて, 上の第 i 行において左から連続した0の並ぶ個数が多ければ, 行基本変形の操作Cによって第 i 行と第 j 行との入れかえを行う。

$$\begin{pmatrix} 0 & \cdots & \cdots & \cdots & 0 & * & \cdots & * \\ 0 & \cdots & 0 & * & \cdots & \cdots & \cdots & * \end{pmatrix} \begin{matrix} \text{第}i\text{行} \\ \\ \text{第}j\text{行} \end{matrix}$$

$$\underset{\text{第}i\text{行} \leftrightarrow \text{第}j\text{行}}{\longrightarrow} \begin{pmatrix} 0 & \cdots & 0 & * & \cdots & \cdots & \cdots & * \\ 0 & \cdots & \cdot & \cdots & 0 & * & \cdots & * \end{pmatrix}$$

2. もし下に示すように, 上の第 i 行と下の第 j 行とで左から連続して0の並ぶ個数が同じであれば, 行基本変形の操作Bによって, 第 j 行から第 i 行 $\times \frac{a_{jk}}{a_{ik}}$ を引くことによって, 第 j 行の (j, k) 成分を0にする。

$$\begin{pmatrix} 0 & \cdots & 0 & a_{ik} & * & \cdots & * \\ 0 & \cdots & 0 & a_{jk} & * & \cdots & * \end{pmatrix} \begin{matrix} 第i行 \\ \\ 第j行 \end{matrix}$$

$$\xrightarrow[\text{第}j\text{行} - \text{第}i\text{行} \times \frac{a_{jk}}{a_{ik}}]{} \begin{pmatrix} 0 & \cdots & 0 & a_{ik} & * & \cdots & * \\ 0 & \cdots & \cdots & 0 & * & \cdots & * \end{pmatrix} \begin{matrix} 第i行 \\ \\ 第j行 \end{matrix}$$

階段行列による階数の定義

ある行列 A に対して掃き出し法によって階段行列に変形したとき，成分のすべてが 0 とはならない行の個数を行列 A の階数と呼び，$\mathrm{rank}A$ と表す．例えば，行列 A が掃き出し法によって下に示すような階段行列になったとき，第 r 行より下の成分はすべて 0 であるから，行列 A の階数は $\mathrm{rank}A = r$ である．

$$\begin{pmatrix} 0 & \cdots & 0 & a_{1j_1} & * & \cdots & \cdots & \cdots & \cdots & \cdots & \cdots & * \\ 0 & \cdots & 0 & 0 & \cdots & 0 & a_{2j_2} & * & \cdots & \cdots & \cdots & * \\ \vdots & & \vdots & \vdots & & \vdots & & & & & & \vdots \\ 0 & \cdots & 0 & 0 & \cdots & 0 & \cdots & \cdots & 0 & a_{rj_r} & * & \cdots & * \\ 0 & \cdots & 0 & 0 & \cdots & 0 & \cdots & \cdots & \cdots & 0 & \cdots & 0 \\ \vdots & & \vdots & \vdots & & \vdots & & & & \vdots & & \vdots \\ 0 & \cdots & 0 & 0 & \cdots & 0 & \cdots & \cdots & \cdots & 0 & \cdots & 0 \end{pmatrix}$$

(ただし，$a_{1j_1}, a_{2j_2}, \ldots, a_{rj_r} \neq 0$ である．)

例 3.6 行列 $\begin{pmatrix} 1 & 2 & 3 & 4 \\ 2 & 3 & 4 & 5 \\ 3 & 4 & 5 & 6 \\ 4 & 5 & 6 & 7 \end{pmatrix}$ の階数を求めよう．

3.2 解空間と行列の階数

$$\begin{pmatrix} 1 & 2 & 3 & 4 \\ 2 & 3 & 4 & 5 \\ 3 & 4 & 5 & 6 \\ 4 & 5 & 6 & 7 \end{pmatrix} \xrightarrow[\substack{\text{第}4\text{行}-\text{第}3\text{行} \\ \text{第}3\text{行}-\text{第}2\text{行} \\ \text{第}2\text{行}-\text{第}1\text{行}}]{} \begin{pmatrix} 1 & 2 & 3 & 4 \\ 1 & 1 & 1 & 1 \\ 1 & 1 & 1 & 1 \\ 1 & 1 & 1 & 1 \end{pmatrix}$$

$$\xrightarrow[\substack{\text{第}3\text{行}-\text{第}2\text{行} \\ \text{第}4\text{行}-\text{第}2\text{行}}]{} \begin{pmatrix} 1 & 2 & 3 & 4 \\ 1 & 1 & 1 & 1 \\ 0 & 0 & 0 & 0 \\ 0 & 0 & 0 & 0 \end{pmatrix}$$

$$\xrightarrow[\text{第}2\text{行}-\text{第}1\text{行}]{} \begin{pmatrix} 1 & 2 & 3 & 4 \\ 0 & -1 & -2 & 3 \\ 0 & 0 & 0 & 0 \\ 0 & 0 & 0 & 0 \end{pmatrix}$$

となるので,

$$\operatorname{rank} \begin{pmatrix} 1 & 2 & 3 & 4 \\ 2 & 3 & 4 & 5 \\ 3 & 4 & 5 & 6 \\ 4 & 5 & 6 & 7 \end{pmatrix} = \operatorname{rank} \begin{pmatrix} 1 & 2 & 3 & 4 \\ 0 & -1 & -2 & 3 \\ 0 & 0 & 0 & 0 \\ 0 & 0 & 0 & 0 \end{pmatrix} = 2$$

である。

問 3.2 次の行列の階数を求めよ。

(1) $\begin{pmatrix} 1 & 0 & -1 \\ 3 & 1 & 1 \\ 1 & 2 & 3 \end{pmatrix}$, (2) $\begin{pmatrix} 2 & 1 & 1 \\ 3 & -1 & 1 \\ 5 & 0 & 2 \end{pmatrix}$,

(3) $\begin{pmatrix} 2 & -4 & 2 \\ 1 & -2 & 1 \\ -3 & 6 & -3 \end{pmatrix}$, (4) $\begin{pmatrix} 1 & 0 & 1 \\ 0 & 1 & 0 \\ 1 & 0 & 1 \end{pmatrix}$,

(5) $\begin{pmatrix} 1 & 2 & 3 \\ 3 & 2 & 1 \\ 2 & 1 & 3 \end{pmatrix}$, (6) $\begin{pmatrix} 2 & -2 & 3 \\ 4 & 4 & -3 \\ 1 & 3 & -3 \end{pmatrix}$,

(7) $\begin{pmatrix} 1 & 2 & 1 & 2 \\ 2 & 1 & 2 & 1 \\ 1 & 1 & 1 & 1 \end{pmatrix}$, (8) $\begin{pmatrix} 1 & -2 & 5 & 3 \\ -3 & 6 & -15 & -9 \\ 2 & -4 & 10 & 6 \end{pmatrix}$,

(9) $\begin{pmatrix} 1 & -4 & 2 & 1 \\ 5 & 1 & -3 & 2 \\ 2 & 0 & 4 & 1 \end{pmatrix}$.

連立 1 次方程式の解と係数行列の階数

前節で扱った n 元 m 連立 1 次方程式

$$\begin{cases} a_{11}x_1 + a_{12}x_2 \cdots + a_{1n}x_n = b_1, \\ a_{21}x_1 + a_{22}x_2 \cdots + a_{2n}x_n = b_2, \\ \quad\vdots \qquad\quad \vdots \qquad\qquad\quad \vdots \qquad \vdots \\ a_{m1}x_1 + a_{m2}x_2 \cdots + a_{mn}x_n = b_m \end{cases}$$

は，係数行列 A を用いて

$$A\boldsymbol{x} = \boldsymbol{b}$$

と表される．ただし

$$A = \begin{pmatrix} a_{11} & a_{12} & \cdots & a_{1n} \\ a_{21} & a_{22} & \cdots & a_{2n} \\ \vdots & \vdots & \ddots & \vdots \\ a_{m1} & a_{m2} & \cdots & a_{mn} \end{pmatrix}, \boldsymbol{x} = \begin{pmatrix} x_1 \\ x_2 \\ \vdots \\ x_n \end{pmatrix}, \boldsymbol{b} = \begin{pmatrix} b_1 \\ b_2 \\ \vdots \\ b_m \end{pmatrix}$$

である．また，拡大係数行列 $\tilde{A}$ は

$$\tilde{A} = (A, \boldsymbol{b}) = \begin{pmatrix} a_{11} & a_{12} & \cdots & a_{1n} & b_1 \\ a_{21} & a_{22} & \cdots & a_{2n} & b_2 \\ \vdots & \vdots & \ddots & \vdots & \vdots \\ a_{m1} & a_{m2} & \cdots & a_{mn} & b_m \end{pmatrix}$$

である．この拡大係数行列 $\tilde{A}$ を掃き出し法によって，以下のような階段行列に変形できたとする．

$$\begin{pmatrix} 0 & \cdots & 0 & c_{1j_1} & \cdots & \cdots & \cdots & \cdots & \cdots & \cdots & c_{1n} & d_1 \\ 0 & \cdots & 0 & 0 & \cdots & 0 & c_{2j_2} & \cdots & \cdots & \cdots & c_{2n} & d_2 \\ \vdots & & \vdots & \vdots & & \vdots & & & & & \vdots & \vdots \\ 0 & \cdots & 0 & 0 & \cdots & 0 & \cdots & \cdots & 0 & c_{rj_r} & c_{rn} & d_r \\ 0 & \cdots & 0 & 0 & \cdots & 0 & & & & \cdots & 0 & d_{r+1} \\ \vdots & & \vdots & \vdots & & \vdots & & & & \vdots & 0 & 0 \\ \vdots & & \vdots & \vdots & & \vdots & & & & \vdots & \vdots & \vdots \\ 0 & \cdots & 0 & 0 & \cdots & 0 & \cdots & & & 0 & 0 & 0 \end{pmatrix}$$

(ただし，$c_{1j_1}, c_{2j_2}, \ldots, c_{rj_r} \neq 0$ である。)

このとき $\mathrm{rank}A = r$ である。また，$d_{r+1} = 0$ であれば $\mathrm{rank}\tilde{A} = r$ であり，$d_{r+1} \neq 0$ であれば $\mathrm{rank}\tilde{A} = r+1$ である。この行列を連立1次方程式の形に戻すと

$$\begin{cases} c_{1j_1}x_{j_1} + & \cdots & \cdots & \cdots & + c_{1n}x_n & = & d_1, \\ & c_{2j_2}x_{j_2} + & \cdots & \cdots & + c_{2n}x_n & = & d_2, \\ & & & & & \vdots & \vdots & \vdots \\ & & c_{rj_r}x_{j_r} + & \cdots & + c_{rn}x_n & = & d_r, \\ & & & & 0 & = & d_{r+1} \end{cases}$$

となる。

ここで最後の行の等式は $d_{r+1} \neq 0$ であれば成立しない。つまり $d_{r+1} \neq 0$，言い換えれば $\mathrm{rank}A < \mathrm{rank}\tilde{A}$ であるとき，この連立1次方程式には解が存在しない。

一方，$d_{r+1} = 0$，すなわち $\mathrm{rank}A = \mathrm{rank}\tilde{A}$ であるときには解が存在する。連立1次方程式に解が存在する場合について，解がどのようなものになるかを考えるために，上の階段行列において列と列の入れかえを行おう。具体的には第 j_i 列を第 i 列に移動し，それ以外の列を第 $(r+1)$ 列以降に移動する。ただし，最終列だけは移動を行わないことにする。その結果は

$$\begin{pmatrix} c_{1j_1} & * & \cdots & * & * & \cdots & * & d_1 \\ 0 & c_{2j_2} & \ddots & \vdots & \vdots & & \vdots & d_2 \\ \vdots & \ddots & \ddots & * & \vdots & & \vdots & \vdots \\ 0 & \cdots & 0 & c_{rj_r} & * & \cdots & * & d_r \\ 0 & \cdots & 0 & 0 & 0 & \cdots & 0 & 0 \\ \vdots & & \vdots & \vdots & \vdots & & \vdots & \vdots \\ 0 & \cdots & 0 & 0 & 0 & \cdots & 0 & 0 \end{pmatrix}$$

のようになる．このとき，どのように列を入れかえたのかを把握しておく．
さらに，この行列の左上部の $(r \times r)$ 小行列を単位行列にするように行基本変形を行う．その結果

$$\begin{pmatrix} 1 & 0 & \cdots & 0 & c'_{1j_{r+1}} & \cdots & c'_{1j_n} & d'_1 \\ 0 & 1 & \ddots & \vdots & c'_{2j_{r+1}} & \cdots & c'_{2j_n} & d'_2 \\ \vdots & \ddots & \ddots & 0 & \vdots & & \vdots & \vdots \\ 0 & \cdots & 0 & 1 & c'_{rj_{r+1}} & \cdots & c'_{rj_n} & d'_r \\ 0 & \cdots & 0 & 0 & 0 & \cdots & 0 & 0 \\ \vdots & & \vdots & \vdots & \vdots & & \vdots & \vdots \\ 0 & \cdots & 0 & 0 & 0 & \cdots & 0 & 0 \end{pmatrix}$$

のような行列が得られる．ここで，第 r 列より右側の成分については，把握しておいた列の入れかえにしたがって，添字を $j_1 \sim j_r$ 以外の番号に付け直している．再び，上の行列を連立 1 次方程式の形に戻すと

$$\begin{cases} x_{j_1} + c'_{1j_{r+1}} x_{j_{r+1}} \cdots + c'_{1j_n} x_{j_n} = d'_1, \\ x_{j_2} + c'_{2j_{r+1}} x_{j_{r+1}} \cdots + c'_{2j_n} x_{j_n} = d'_2, \\ \vdots \qquad \vdots \qquad\qquad \vdots \qquad \vdots \\ x_{j_r} + c'_{rj_{r+1}} x_{j_{r+1}} \cdots + c'_{rj_n} x_{j_n} = d'_r \end{cases}$$

となる．この結果に対して，$x_{j_{r+i}} = t_i$ として $(n-r)$ 個の任意の数を与えることによって，解は

3.2 解空間と行列の階数

$$\begin{cases} x_{j_1} &= d'_1 &-c'_{1\,j_{r+1}}t_1 \cdots -c'_{1\,j_n}t_{n-r}, \\ x_{j_2} &= d'_2 &-c'_{2\,j_{r+1}}t_1 \cdots -c'_{2\,j_n}t_{n-r}, \\ \vdots & \vdots & \vdots \qquad\qquad \vdots \\ x_{j_r} &= d'_r &-c'_{r\,j_{r+1}}t_1 \cdots -c'_{r\,j_n}t_{n-r}, \\ x_{j_{r+1}} &= t_1, & \\ \vdots & \vdots & \\ x_{r_n} &= t_{n-r} & \end{cases}$$

と求められる。

ここまでのことを具体的な例で考えてみよう。ある連立 1 次方程式の拡大係数行列に対して次のような階段行列が得られたとする。すぐにわかるように，この行列の階数は 3 である。

$$\begin{pmatrix} 0 & 0 & 1 & 2 & 2 & 0 & 1 \\ 0 & 0 & 0 & 0 & 2 & 4 & 0 \\ 0 & 0 & 0 & 0 & 0 & 3 & 9 \\ 0 & 0 & 0 & 0 & 0 & 0 & 0 \\ 0 & 0 & 0 & 0 & 0 & 0 & 0 \\ 0 & 0 & 0 & 0 & 0 & 0 & 0 \end{pmatrix}$$
$$\boxed{1}\ \boxed{2}\ \boxed{3}\ \boxed{4}\ \boxed{5}\ \boxed{6}\ \boxed{7}$$

まず，この階段行列に対して列と列の入れかえを行う。階段行列の下に示した□で囲んだ数字は列番号を表している。これまでに述べた方針に基づいて，与えられた階段行列を変形すると

$$\begin{pmatrix} 1 & 2 & 0 & 0 & 0 & 2 & 1 \\ 0 & 2 & 4 & 0 & 0 & 0 & 0 \\ 0 & 0 & 3 & 0 & 0 & 0 & 9 \\ 0 & 0 & 0 & 0 & 0 & 0 & 0 \\ 0 & 0 & 0 & 0 & 0 & 0 & 0 \\ 0 & 0 & 0 & 0 & 0 & 0 & 0 \end{pmatrix}$$
$$\boxed{3}\ \boxed{5}\ \boxed{6}\ \boxed{1}\ \boxed{2}\ \boxed{4}\ \boxed{7}$$

のようになる。この行列の下に示した□で囲んだ数字は変形する前の列番号を表している。次に，この行列の左上部の (3×3) 小行列を単位行列にするよう

に行基本変形を行うと

$$\begin{pmatrix} 1 & 0 & 0 & 0 & 0 & 2 & 13 \\ 0 & 1 & 0 & 0 & 0 & 0 & -6 \\ 0 & 0 & 1 & 0 & 0 & 0 & 3 \\ 0 & 0 & 0 & 0 & 0 & 0 & 0 \\ 0 & 0 & 0 & 0 & 0 & 0 & 0 \\ 0 & 0 & 0 & 0 & 0 & 0 & 0 \end{pmatrix}$$
$$\boxed{3}\ \boxed{5}\ \boxed{6}\ \boxed{1}\ \boxed{2}\ \boxed{4}\ \boxed{7}$$

という行列が得られる．ここから連立 1 次方程式の解が求まり

$$\begin{cases} x_3 = 13 - 2t_3, \\ x_5 = -6, \\ x_6 = 3, \\ x_1 = t_1, \\ x_2 = t_2, \\ x_4 = t_3 \end{cases}$$

となる．

最後に，連立 1 次方程式の解と，係数行列および拡大係数行列の階数の関係をまとめると

I. $\mathrm{rank}A = \mathrm{rank}\tilde{A} = n$ の場合

解が一意に存在する．解空間としては n 次元空間中の 1 点である．

II. $\mathrm{rank}A = \mathrm{rank}\tilde{A} < n$ の場合

解が任意の数を $n - r$ 個含む．

III. $\mathrm{rank}A < \mathrm{rank}\tilde{A}$ の場合

解が存在しない．解空間としては空集合である．

となる．

例 3.7 掃き出し法を用いて連立 1 次方程式

3.2 解空間と行列の階数

$$\begin{cases} x_1 + x_2 - x_4 = 3, \\ x_1 + 3x_2 + 2x_3 - 7x_4 = 1, \\ x_1 + 2x_2 + x_3 - 4x_4 = 2, \\ 3x_1 + 5x_2 + 3x_3 - 11x_4 = 3 \end{cases}$$

を解く。拡大係数行列は，

$$\begin{pmatrix} 1 & 1 & 0 & -1 & 3 \\ 1 & 3 & 2 & -7 & 1 \\ 1 & 2 & 1 & -4 & 2 \\ 3 & 5 & 3 & -11 & 3 \end{pmatrix} \xrightarrow[\substack{\text{第2行－第1行} \\ \text{第3行－第1行} \\ \text{第4行－第1行×3}}]{} \begin{pmatrix} 1 & 1 & 0 & -1 & 3 \\ 0 & 2 & 2 & -6 & -2 \\ 0 & 1 & 1 & -3 & -1 \\ 0 & 2 & 3 & -8 & -6 \end{pmatrix}$$

$$\xrightarrow[\substack{\text{第4行－第2行} \\ \text{第3行－第2行×1/2} \\ \text{第2行×2}}]{} \begin{pmatrix} 1 & 1 & 0 & -1 & 3 \\ 0 & 1 & 1 & -3 & -1 \\ 0 & 0 & 0 & 0 & 0 \\ 0 & 0 & 1 & -2 & -4 \end{pmatrix}$$

$$\xrightarrow[\substack{\text{第1行－第2行} \\ \text{第1行↔第2行}}]{} \begin{pmatrix} 1 & 0 & -1 & 2 & 4 \\ 0 & 1 & 1 & -3 & -1 \\ 0 & 0 & 1 & -2 & -4 \\ 0 & 0 & 0 & 0 & 0 \end{pmatrix}$$

$$\xrightarrow[\text{第1行＋第3行}]{} \begin{pmatrix} 1 & 0 & 0 & 0 & 0 \\ 0 & 1 & 1 & -3 & -1 \\ 0 & 0 & 1 & -2 & -4 \\ 0 & 0 & 0 & 0 & 0 \end{pmatrix}$$

と変形される。したがって，解は，

$$\begin{cases} x_1 = 0, \\ x_2 = t + 3, \\ x_3 = 2t - 4, \\ x_4 = t \end{cases}$$

である。ただし，t は任意の数である。

問 3.3 掃き出し法を用いて連立 1 次方程式
$$\begin{cases} x_1 + 4x_2 + x_3 + 2x_4 = 11, \\ 2x_1 + 3x_2 + 2x_3 - x_4 = 12, \\ 3x_1 - x_2 + 3x_3 - 7x_4 = 7, \\ x_2 + x_4 = 2 \end{cases}$$
を解け。

3.2.3 掃き出し法による逆行列の求め方

n 次正則行列
$$A = \begin{pmatrix} a_{11} & \cdots & a_{1n} \\ \vdots & & \vdots \\ a_{n1} & \cdots & a_{nn} \end{pmatrix}$$
の逆行列 A^{-1} は掃き出し法によって求めることができる。$AA^{-1} = E$ において
$$A^{-1} = \begin{pmatrix} x_{11} & \cdots & x_{1n} \\ \vdots & & \vdots \\ x_{n1} & \cdots & x_{nn} \end{pmatrix} = (\boldsymbol{x}_1, \cdots, \boldsymbol{x}_n)$$

$$E = \begin{pmatrix} 1 & 0 & \cdots & 0 \\ 0 & \ddots & \ddots & \vdots \\ \vdots & \ddots & \ddots & 0 \\ 0 & \cdots & 0 & 1 \end{pmatrix} = (\boldsymbol{e}_1, \cdots, \boldsymbol{e}_n)$$

とおくと
$$A(\boldsymbol{x}_1, \cdots, \boldsymbol{x}_n) = (\boldsymbol{e}_1, \cdots, \boldsymbol{e}_n)$$
となるので
$$A\boldsymbol{x}_i = \boldsymbol{e}_i \quad (i = 1, \ldots, n)$$
という n 個の連立 1 次方程式を解くのと同じであることがわかる。そこで，これらの連立 1 次方程式をまとめて解くために

3.2 解空間と行列の階数

$$\left(\begin{array}{c|c} A & E \end{array}\right) = \left(\begin{array}{ccc|cccc} a_{11} & \cdots & a_{1n} & 1 & 0 & \cdots & 0 \\ \vdots & & \vdots & 0 & \ddots & \ddots & \vdots \\ \vdots & & \vdots & \vdots & \ddots & \ddots & 0 \\ a_{n1} & \cdots & a_{nn} & 0 & \cdots & 0 & 1 \end{array}\right)$$

という $n \times 2n$ 行列を考える。この行列に対して行基本変形を繰り返して

$$\left(\begin{array}{c|c} E & B \end{array}\right) = \left(\begin{array}{cccc|ccc} 1 & 0 & \cdots & 0 & b_{11} & \cdots & b_{1n} \\ 0 & \ddots & \ddots & \vdots & \vdots & & \vdots \\ \vdots & \ddots & \ddots & 0 & \vdots & & \vdots \\ 0 & \cdots & 0 & 1 & b_{n1} & \cdots & b_{nn} \end{array}\right)$$

という形になれば,得られた B が A^{-1} である。

例 3.8 掃き出し法によって,次の行列の逆行列を求めよう。

$$A = \begin{pmatrix} 1 & -1 & 1 \\ 0 & 3 & -2 \\ 2 & 0 & 1 \end{pmatrix}$$

$$\left(\begin{array}{c|c} A & E \end{array}\right) = \left(\begin{array}{ccc|ccc} 1 & -1 & 1 & 1 & 0 & 0 \\ 0 & 3 & -2 & 0 & 1 & 0 \\ 2 & 0 & 1 & 0 & 0 & 1 \end{array}\right)$$

$$\xrightarrow[\text{第3行−第1行×2}]{} \left(\begin{array}{ccc|ccc} 1 & -1 & 1 & 1 & 0 & 0 \\ 0 & 3 & -2 & 0 & 1 & 0 \\ 0 & 2 & -1 & -2 & 0 & 1 \end{array}\right)$$

$$\xrightarrow[\text{第2行−第3行}]{} \left(\begin{array}{ccc|ccc} 1 & -1 & 1 & 1 & 0 & 0 \\ 0 & 1 & -1 & 2 & 1 & -1 \\ 0 & 2 & -1 & -2 & 0 & 1 \end{array}\right)$$

$$\begin{array}{c}\longrightarrow\\ \text{第 1 行}+\text{第 2 行}\\ \text{第 3 行}-\text{第 2 行}\times 2\end{array}\left(\begin{array}{ccc|ccc}1 & 0 & 0 & 3 & 1 & -1\\ 0 & 1 & -1 & 2 & 1 & -1\\ 0 & 0 & 1 & -6 & -2 & 3\end{array}\right)$$

$$\begin{array}{c}\longrightarrow\\ \text{第 2 行}+\text{第 3 行}\end{array}\left(\begin{array}{ccc|ccc}1 & 0 & 0 & 3 & 1 & -1\\ 0 & 1 & 0 & -4 & -1 & 2\\ 0 & 0 & 1 & -6 & -2 & 3\end{array}\right)$$

したがって A の逆行列は

$$A^{-1}=\left(\begin{array}{ccc}3 & 1 & -1\\ -4 & 1 & 2\\ -6 & -2 & 3\end{array}\right)$$

と求まる。

問 3.4 掃き出し法を用いて，次の行列の逆行列を求めよ．

(1) $\left(\begin{array}{ccc}2 & 1 & 0\\ 1 & 1 & 2\\ 1 & 1 & 1\end{array}\right)$, (2) $\left(\begin{array}{ccc}6 & -3 & -4\\ -3 & 2 & 2\\ 2 & -1 & -1\end{array}\right)$, (3) $\left(\begin{array}{ccc}1 & 2 & 0\\ 1 & 1 & 1\\ 2 & 0 & 3\end{array}\right)$.

3.3 Cramer の公式

3.3.1 2元連立1次方程式の Cramer の公式

2元連立1次方程式は一般に

$$\left\{\begin{array}{l}a_{11}x+a_{12}y=b_1,\\ a_{21}x+a_{22}y=b_2\end{array}\right.$$

であり，行列を用いて表すと

$$\left(\begin{array}{cc}a_{11} & a_{12}\\ a_{21} & a_{22}\end{array}\right)\left(\begin{array}{c}x\\ y\end{array}\right)=\left(\begin{array}{c}b_1\\ b_2\end{array}\right)$$

のようになる．ここで

$$A=\left(\begin{array}{cc}a_{11} & a_{12}\\ a_{21} & a_{22}\end{array}\right),\quad \boldsymbol{x}=\left(\begin{array}{c}x\\ y\end{array}\right),\quad \boldsymbol{b}=\left(\begin{array}{c}b_1\\ b_2\end{array}\right)$$

3.3 Cramer の公式

とすれば
$$A\bm{x} = \bm{b}$$
となる。また,
$$\bm{a}_j = \begin{pmatrix} a_{1j} \\ a_{2j} \end{pmatrix}$$
とおく。$\det A \neq 0$ であれば, 両辺の左側から行列 A の逆行列 A^{-1} を掛けることによって
$$\bm{x} = A^{-1}\bm{b}$$
と解が求められる。逆行列 A^{-1} は具体的に
$$A^{-1} = \frac{1}{\det A} \begin{pmatrix} a_{22} & -a_{12} \\ -a_{21} & a_{11} \end{pmatrix}$$
であることから
$$\begin{pmatrix} x \\ y \end{pmatrix} = \frac{1}{\det A} \begin{pmatrix} a_{22} & -a_{12} \\ -a_{21} & a_{11} \end{pmatrix} \begin{pmatrix} b_1 \\ b_2 \end{pmatrix}$$
$$= \frac{1}{\det A} \begin{pmatrix} b_1 a_{22} - b_2 a_{12} \\ b_2 a_{11} - b_1 a_{21} \end{pmatrix}$$
$$= \frac{1}{\det A} \begin{pmatrix} \det \begin{pmatrix} b_1 & a_{12} \\ b_2 & a_{22} \end{pmatrix} \\ \det \begin{pmatrix} a_{11} & b_1 \\ a_{21} & b_2 \end{pmatrix} \end{pmatrix}$$
$$= \frac{1}{\det A} \begin{pmatrix} \det(\bm{b}, \bm{a}_2) \\ \det(\bm{a}_1, \bm{b}) \end{pmatrix}$$
である。したがって 2 元連立 1 次方程式の解は
$$x = \frac{\det(\bm{b}, \bm{a}_2)}{\det A}, \quad y = \frac{\det(\bm{a}_1, \bm{b})}{\det A}$$
で与えられる。これが 2 元連立 1 次方程式の **Cramer(クラメル) の公式**である。解 x を与える式の分子は係数行列 A の第 1 列 $\bm{a}_1$ をベクトル $\bm{b}$ で置き換えた行列の行列式に, 解 y を与える式の分子は係数行列 A の第 2 列 $\bm{a}_2$ をベクトル $\bm{b}$ で置き換えた行列の行列式になっている。

3.3.2　n 元連立 1 次方程式の Cramer の公式

さきほどの 2 元連立 1 次方程式の場合をより一般化して，n 元連立 1 次方程式

$$\begin{cases} a_{11}x_1 + a_{12}x_2 + \cdots + a_{1n}x_n = b_1, \\ \qquad\qquad\qquad\qquad\qquad \vdots \\ a_{n1}x_1 + a_{n2}x_2 + \cdots + a_{nn}x_n = b_n \end{cases}$$

について同様のことを考える。上の連立 1 次方程式は，行列を用いることによって

$$\begin{pmatrix} a_{11} & a_{12} & \cdots & a_{1n} \\ a_{21} & a_{22} & \cdots & a_{2n} \\ \vdots & \vdots & & \vdots \\ a_{n1} & a_{m2} & \cdots & a_{nn} \end{pmatrix} \begin{pmatrix} x_1 \\ x_2 \\ \vdots \\ x_n \end{pmatrix} = \begin{pmatrix} b_1 \\ b_2 \\ \vdots \\ b_n \end{pmatrix}$$

と表される。

$$A = \begin{pmatrix} a_{11} & a_{12} & \cdots & a_{1n} \\ a_{21} & a_{22} & \cdots & a_{2n} \\ \vdots & \vdots & & \vdots \\ a_{n1} & a_{m2} & \cdots & a_{nn} \end{pmatrix} = (\boldsymbol{a}_1, \boldsymbol{a}_2, \cdots, \boldsymbol{a}_n)$$

とおく。

定理 3.1 (Cramer の公式の証明)　係数行列の行列式が $\det A \neq 0$ を満たすとき，連立 1 次方程式 $A\boldsymbol{x} = \boldsymbol{b}$ の解は

$$x_1 = \frac{\det(\boldsymbol{b}, \boldsymbol{a}_2, \cdots, \boldsymbol{a}_n)}{\det A},$$

$$\vdots$$

$$x_j = \frac{\det(\boldsymbol{a}_1, \cdots, \boldsymbol{a}_{j-1}, \boldsymbol{b}, \boldsymbol{a}_{j+1}, \cdots, \boldsymbol{a}_n)}{\det A},$$

$$\vdots$$

$$x_n = \frac{\det(\boldsymbol{a}_1, \cdots, \boldsymbol{a}_{n-1}, \boldsymbol{b})}{\det A}$$

で与えられる。j 番目の解 x_j を与える式の分子は係数行列 A の第 j 列 $\boldsymbol{a}_j$ をベクトル $\boldsymbol{b}$ で置き換えた行列の行列式になっている。

3.3 Cramer の公式

証明.

$$\boldsymbol{b} = A\boldsymbol{x} = (\boldsymbol{a}_1, \boldsymbol{a}_2, \cdots, \boldsymbol{a}_n) \begin{pmatrix} x_1 \\ x_2 \\ \vdots \\ x_n \end{pmatrix} = \sum_{i=1}^{n} x_i \boldsymbol{a}_i$$

である。係数行列 A の第 j 列 $\boldsymbol{a}_j$ をベクトル $\boldsymbol{b}$ で置き換えた行列式を計算する。行列式の n 重線形性より,

$$\det(\boldsymbol{a}_1, \cdots, \boldsymbol{a}_{j-1}, \boldsymbol{b}, \boldsymbol{a}_{j+1}, \cdots, \boldsymbol{a}_n)$$
$$= \det\left(\boldsymbol{a}_1, \cdots, \boldsymbol{a}_{j-1}, \sum_{i=1}^{n} x_i \boldsymbol{a}_i, \boldsymbol{a}_{j+1}, \cdots, \boldsymbol{a}_n\right)$$
$$= \sum_{i=1}^{n} x_i \det(\boldsymbol{a}_1, \cdots, \boldsymbol{a}_{j-1}, \boldsymbol{a}_i, \boldsymbol{a}_{j+1}, \cdots, \boldsymbol{a}_n)$$

ここで,

$$\det(\boldsymbol{a}_1, \cdots, \boldsymbol{a}_{j-1}, \boldsymbol{a}_i, \boldsymbol{a}_{j+1}, \cdots, \boldsymbol{a}_n) = \begin{cases} \det A & (i = j \text{ のとき}), \\ 0 & (i \neq j \text{ のとき}) \end{cases}$$

となる。実際, $i \neq j$ のとき, 左辺の行列の 2 つの列が $\boldsymbol{a}_i$ となるので, 行列式の交代性より, その行列式は 0 になる。したがって,

$$\det(\boldsymbol{a}_1, \cdots, \boldsymbol{a}_{j-1}, \boldsymbol{b}, \boldsymbol{a}_{j+1}, \cdots, \boldsymbol{a}_n) = x_j \det A$$

となる。$\det A \neq 0$ であるので,

$$x_j = \frac{\det(\boldsymbol{a}_1, \cdots, \boldsymbol{a}_{j-1}, \boldsymbol{b}, \boldsymbol{a}_{j+1}, \cdots, \boldsymbol{a}_n)}{\det A}$$

となる。 □

例 3.9 Cramer の公式を用いて, 連立 1 次方程式

$$\begin{cases} 3x_1 + 4x_2 + x_3 = 28, \\ 2x_1 + 2x_2 + x_3 = 16, \\ 3x_1 + 3x_2 + x_3 = 23 \end{cases}$$

を解こう。

$$x_1 = \frac{\det\begin{pmatrix} 28 & 4 & 1 \\ 16 & 2 & 1 \\ 23 & 3 & 1 \end{pmatrix}}{\det\begin{pmatrix} 3 & 4 & 1 \\ 2 & 2 & 1 \\ 3 & 3 & 1 \end{pmatrix}} = \frac{\det\begin{pmatrix} 12 & 2 & 0 \\ 16 & 2 & 1 \\ 7 & 1 & 0 \end{pmatrix}}{\det\begin{pmatrix} 0 & 1 & 0 \\ 2 & 2 & 1 \\ 1 & -2 & 0 \end{pmatrix}}$$

$$= \frac{-\det\begin{pmatrix} 12 & 2 \\ 7 & 1 \end{pmatrix}}{-\det\begin{pmatrix} 0 & 1 \\ 1 & -2 \end{pmatrix}} = \frac{2}{1} = 2$$

となる。同様に，

$$x_2 = \frac{\det\begin{pmatrix} 3 & 28 & 1 \\ 2 & 16 & 1 \\ 3 & 23 & 1 \end{pmatrix}}{\det\begin{pmatrix} 3 & 4 & 1 \\ 2 & 2 & 1 \\ 3 & 3 & 1 \end{pmatrix}} = 5, \quad x_3 = \frac{\det\begin{pmatrix} 3 & 4 & 28 \\ 2 & 2 & 16 \\ 3 & 3 & 23 \end{pmatrix}}{\det\begin{pmatrix} 3 & 4 & 1 \\ 2 & 2 & 1 \\ 3 & 3 & 1 \end{pmatrix}} = 2$$

となる。

問 3.5 Cramer の公式を用いて，連立 1 次方程式

$$\begin{cases} 2x_1 + 3x_2 & = 10, \\ x_1 + 3x_2 + 3x_3 & = -10, \\ 3x_1 + 6x_2 + 7x_3 & = -28 \end{cases}$$

を解け。

章末問題 3

1 次の連立 1 次方程式を掃き出し法を用いて解け。

(1) $\begin{cases} x_1 - x_2 + x_3 = 4, \\ 2x_1 + x_2 + 3x_3 = 7, \\ x_1 - 2x_2 + x_3 = 5, \end{cases}$ (2) $\begin{cases} x_1 + 3x_2 - x_3 = 6, \\ x_1 + 2x_2 - 3x_3 = 2, \\ 2x_1 + x_2 + x_3 = 5, \end{cases}$

(3) $\begin{cases} x_1 + 2x_2 + x_3 + x_4 = 1, \\ x_1 - x_2 - 2x_3 + x_4 = -2, \\ 3x_1 + x_2 - x_3 - x_4 = 0, \end{cases}$

(4) $\begin{cases} x_1 - 2x_2 + 3x_3 - 4x_4 = 1, \\ 4x_1 + x_2 + x_3 + 2x_4 = 3, \\ x_1 + 2x_2 - 2x_3 - 2x_4 = 2. \end{cases}$

2 次の行列の階数を求めよ。

(1) $\begin{pmatrix} 2 & 4 & -2 \\ -1 & -2 & 1 \\ 4 & 8 & -4 \end{pmatrix}$, (2) $\begin{pmatrix} 1 & 2 & 3 \\ 2 & 1 & 3 \\ 1 & -1 & 2 \end{pmatrix}$, (3) $\begin{pmatrix} 1 & 1 & 1 \\ 4 & -4 & 4 \\ 3 & 1 & -3 \end{pmatrix}$,

(4) $\begin{pmatrix} 2 & -2 & 0 \\ 1 & 3 & 4 \\ 0 & 1 & 1 \end{pmatrix}$, (5) $\begin{pmatrix} 2 & 1 & 3 \\ 3 & 2 & 1 \\ 3 & 1 & 3 \end{pmatrix}$, (6) $\begin{pmatrix} 1 & 1 & -2 \\ 2 & 2 & -4 \\ 1 & 3 & 1 \end{pmatrix}$,

(7) $\begin{pmatrix} 1 & -1 & 0 \\ 4 & 0 & 2 \\ 3 & 1 & 2 \end{pmatrix}$, (8) $\begin{pmatrix} 3 & 1 & 1 & 1 \\ 2 & 1 & 1 & 1 \\ 1 & 1 & 1 & 1 \end{pmatrix}$,

(9) $\begin{pmatrix} 1 & 0 & 2 \\ 1 & 2 & 3 \\ 1 & a-1 & 4 \end{pmatrix}$, (10) $\begin{pmatrix} x & y & y \\ y & x & y \\ y & y & x \end{pmatrix}$,

(11) $\begin{pmatrix} x & 1 & 1 & 1 \\ 0 & x & 0 & 1 \\ 1 & 0 & x & 0 \\ 0 & 0 & 0 & x \end{pmatrix}$, (12) $\begin{pmatrix} a-3 & 3 & 2 & -1 \\ 3 & a & 2 & -1 \\ 3 & 3 & a-1 & -1 \\ 3 & 3 & 2 & a-4 \end{pmatrix}.$

3 行列 $P = \begin{pmatrix} 1 & 1 & 1 & p \\ 1 & 1 & p & p \\ 1 & p & p & p \\ p & p & p & p \end{pmatrix}$ の行列式と階数を求めよ。

4 次の連立 1 次方程式が解を持つような b の条件を求めよ．また，このときの方程式の解を求めよ．

(1) $\begin{cases} 5x_1 + 3x_2 + 13x_3 = -2, \\ x_1 + 2x_2 - 3x_3 = 1, \\ 3x_1 + x_2 + 11x_3 = b, \end{cases}$

(2) $\begin{cases} x_1 - 3x_2 + 2x_3 = 0, \\ 2x_1 - 5x_2 - x_3 = -1, \\ -5x_1 + 13x_2 = b. \end{cases}$

5 掃き出し法を用いて，次の行列の逆行列を求めよ．

(1) $\begin{pmatrix} 1 & 1 & 1 \\ 3 & 4 & 8 \\ 2 & 2 & 1 \end{pmatrix}$, (2) $\begin{pmatrix} -3 & -3 & 5 \\ 0 & 1 & 0 \\ -1 & -1 & 2 \end{pmatrix}$, (3) $\begin{pmatrix} 3 & 1 & 1 \\ 2 & 1 & 0 \\ 0 & 2 & -3 \end{pmatrix}$,

(4) $\begin{pmatrix} 2 & 1 & 0 \\ 2 & 1 & 1 \\ 1 & 0 & 2 \end{pmatrix}$, (5) $\begin{pmatrix} 1 & 1 & 0 & 1 \\ 0 & 1 & 1 & 0 \\ 1 & 1 & 1 & 0 \\ 0 & 0 & 0 & 1 \end{pmatrix}$.

6 Cramer の公式を用いて，次の連立方程式を解け．

(1) $\begin{cases} 3x - 2y + z = 9, \\ x + y - 3z = -7, \\ 2x + 3y - z = 1, \end{cases}$

(2) $\begin{cases} x + y + z = 1, \\ hx + ky + lz = m, \\ h^2 x + k^2 y + l^2 z = m^2, \end{cases}$ $\begin{pmatrix} h \neq k \\ k \neq l \\ l \neq h \end{pmatrix}$.

4

線形空間

2次元や3次元空間では，幾何学的にベクトルの和やスカラー倍が定義できる．それらの演算を一般化し，抽象的な**線形空間** (あるいはベクトル空間) を定義する．それによって2次元や3次元空間と同様にベクトルの和やスカラー倍の性質を利用して，高次元のベクトルを比較的容易に扱うことができる．ここでは，線形空間についての基本的な事項を学ぶ．

4.1 線形空間

ある条件を満たすものの集まりを**集合**という．集合に属する個々のものをその集合の元あるいは**要素**という．また，四則演算が自由にできる集合を**体**といい，ドイツ語の Körper の頭文字をとって $\mathbb{K}$ で表す．体には**実数体** $\mathbb{R}$ や**複素数体** $\mathbb{C}$ などがある．体 $\mathbb{K}$ を以下で定義する線形空間の**係数体**という．線形空間の元を**ベクトル**という．

定義 4.1 (線形空間) $\mathbb{K}$ を任意の体とする．集合 V が $\mathbb{K}$ 上の**線形空間** (または単に線形空間) であるとは，V の任意の2つの元 (ベクトル) $\boldsymbol{a}, \boldsymbol{b}$ と $\mathbb{K}$ の任意の元 (スカラー) k に対し，和 $\boldsymbol{a} + \boldsymbol{b} \in V$，および，スカラー倍 $k\boldsymbol{a} \in V$ が定義され，それらが次の条件 (**線形空間の公理**という．) が成り立つものをいう．

(I) 和の公理

    (i) $\boldsymbol{a} + \boldsymbol{b} = \boldsymbol{b} + \boldsymbol{a}$ (交換法則)，

    (ii) $(\boldsymbol{a} + \boldsymbol{b}) + \boldsymbol{c} = \boldsymbol{a} + (\boldsymbol{b} + \boldsymbol{c})$ (結合法則)，

    (iii) $\boldsymbol{a} + \boldsymbol{o} = \boldsymbol{a}$ (零元の存在)，

    (iv) $\boldsymbol{a} + (-\boldsymbol{a}) = \boldsymbol{o}$ (逆元の存在)．

(II) スカラー倍の公理

(v) $k(\ell \boldsymbol{a}) = (k\ell)\boldsymbol{a}$ (結合法則),

(vi) $(k+\ell)\boldsymbol{a} = k\boldsymbol{a} + \ell\boldsymbol{a}$ (分配法則),

(vii) $k(\boldsymbol{a} + \boldsymbol{b}) = k\boldsymbol{a} + k\boldsymbol{b}$ (分配法則),

(viii) $1\boldsymbol{a} = \boldsymbol{a}$.

ここで, (viii) における 1 は, $\mathbb{K}$ の積に関する単位元である。

例 4.1 n 次の実行ベクトル全体からなる集合 $\mathbb{R}^n$ や実列ベクトル全体からなる集合 $\mathbb{R}_n$ は $\mathbb{R}$ 上の線形空間である。$n = 2$ の場合は, 定理 0.4–0.5 になるが, 一般の n でも同様である。

例 4.2 n 次の複素行ベクトル全体からなる集合 $\mathbb{C}^n$ や複素列ベクトル全体からなる集合 $\mathbb{C}_n$ は $\mathbb{C}$ 上の線形空間である。実際, 複素ベクトルの各成分の実数部と虚数部を並べて, それらを実ベクトルとして考えれば, 例 4.1 と同様に, 定義 4.1 の条件を満たしていることがわかる。

例 4.3 定理 1.1–1.2 より, $m \times n$ 複素行列全体からなる集合 $M_{m,n}$ は $\mathbb{C}$ 上の線形空間である。行列の成分を 1 次元配列に並び替えて, mn 次のベクトルとして考えればよい。

例 4.4 $\mathbb{R}[x]_n$ を係数が実数である高々 n 次の多項式全体からなる集合とする。すなわち,

$$\mathbb{R}[x]_n = \left\{ f(x) = \sum_{j=0}^{n} a_j x^j \,\middle|\, a_j \in \mathbb{R}\,(j = 0, 1, \cdots, n) \right\}$$

とする。$f(x) = \sum_{j=0}^{n} a_j x^j \in \mathbb{R}[x]_n$, $g(x) = \sum_{j=0}^{n} b_j x^j \in \mathbb{R}[x]_n$ とスカラー $k \in \mathbb{R}$ に対し, 和 $f+g$ とスカラー倍 kf を,

$$(f+g)(x) = f(x)+g(x) = \sum_{j=0}^{n}(a_j+b_j)x^j, \quad (kf)(x) = kf(x) = \sum_{j=0}^{n} ka_j x^j$$

で定義する。このとき, $\mathbb{R}[x]_n$ は $\mathbb{R}$ 上の線形空間である。実際, 多項式の $1, x, x^2, \cdots, x^n$ の係数を並べて数ベクトルとして考えれば, 例 4.1 と同様

4.1 線形空間

に，$\mathbb{R}[x]_n$ が定義 4.1 の条件を満たしていることがわかる。

定義 4.2 $\mathbb{K}$ 上の線形空間 V の部分集合 W が，次を満たすとき，W を V の**部分空間**という。

(i) $\bm{o} \in W$,
(ii) $\bm{a} \in W, \bm{b} \in W$ に対し，$\bm{a} + \bm{b} \in W$,
(iii) $\bm{a} \in W$ と $k \in \mathbb{K}$ に対し，$k\bm{a} \in W$.

(i) の条件から，部分空間は空集合でない。また，(ii)–(iii) は，部分空間は，和とスカラー倍という演算で閉じているという条件である。

部分空間を 3 次元空間 $\mathbb{R}^3$ で考えるとわかりやすい。$\mathbb{R}^3$ における部分空間は，原点のみ，原点を通る直線，原点を通る平面，$\mathbb{R}^3$ の 4 種類である。これらは，後に定義する「次元」をいう用語で表せば，それぞれ，0 次元，1 次元，2 次元，3 次元の部分空間である。

例 4.5 A を $m \times n$ 実行列とする。連立 1 次方程式 $A\bm{x} = \bm{o}$ の解空間
$$W = \{\bm{x} \in \mathbb{R}^n \mid A\bm{x} = \bm{o}\}$$
は，$\mathbb{R}^n$ の部分空間になる。実際，$A\bm{o} = \bm{o}$ であるので，$\bm{o} \in W$ である。また，$\bm{x}, \bm{y} \in W, k \in \mathbb{R}$ に対し，$A(\bm{x} + \bm{y}) = A\bm{x} + A\bm{y} = \bm{o} + \bm{o} = \bm{o}$, $A(k\bm{x}) = kA\bm{x} = k\bm{o} = \bm{o}$ であるので，$\bm{x} + \bm{y} \in W, k\bm{x} \in W$ であることがわかる。

例 4.6 $W = \left\{ \bm{x} \in \mathbb{R}^3 \;\middle|\; \begin{array}{l} x_1 + 2x_2 + 3x_3 = 0 \\ 2x_1 - x_2 + x_3 = 0 \end{array} \right\}$ は $\mathbb{R}^3$ の部分空間である。実際，例 4.5 の $m = n = 3$, $A = \begin{pmatrix} 1 & 2 & 3 \\ 2 & -1 & 1 \end{pmatrix}$ の場合である。

例 4.7 $W = \left\{ \bm{x} \in \mathbb{R}^3 \;\middle|\; \begin{array}{l} x_1 + 2x_2 + 3x_3 = 1 \\ 2x_1 - x_2 + x_3 = 3 \end{array} \right\}$ は $\mathbb{R}^3$ の部分空間ではない。なぜなら，$\bm{o} \notin W$ である。

問 4.1 次の W が $\mathbb{R}^4$ の部分空間であるかを調べよ。

(1) $W = \left\{ \bm{x} \in \mathbb{R}^4 \;\middle|\; \begin{array}{l} x_1 + 2x_2 + 3x_3 + 4x_4 = 0 \\ 2x_1 - x_2 + x_3 + 3x_4 = 0 \end{array} \right\}$,

(2) $W = \left\{ \boldsymbol{x} \in \mathbb{R}^4 \,\middle|\, \begin{array}{l} x_1 + 2x_2 + 3x_3 + 4x_4 = 1 \\ 2x_1 - x_2 + x_3 + 3x_4 = 3 \end{array} \right\}.$

例 4.8 $W = \{f(x) \in \mathbb{R}[x]_2 \mid f(1) = 0\}$ は，$\mathbb{R}[x]_2$ の部分空間である事を確かめる。零ベクトル (すべての係数が零の多項式) は，W の元である。$f, g \in W, k \in \mathbb{R}$ とする。$f + g, kf \in \mathbb{R}[x]_2$ である。$f(1) = g(1) = 0$ であるので，$(f+g)(1) = f(1) + g(1) = 0 + 0 = 0, (kf)(1) = kf(1) = k \times 0 = 0$ であるので，$f + g, kf \in W$ である。

例 4.9 $W = \{f(x) \in \mathbb{R}[x]_2 \mid f(0) = 1\}$ は，零ベクトル (すべての係数が零の多項式) が W の元でないので，$\mathbb{R}[x]_2$ の部分空間ではない。

なお，上の例で，多項式の次数は結果に直接には関係しておらず，$\mathbb{R}[x]_n$ の部分空間であるための条件を理解することを意図している。

例 4.10 $\mathbb{K}$ 上の線形空間 V のベクトルの組 $\{\boldsymbol{a}_1, \boldsymbol{a}_2, \cdots, \boldsymbol{a}_n\}$ に対し，
$$W = \{\boldsymbol{a} = c_1\boldsymbol{a}_1 + c_2\boldsymbol{a}_2 + \cdots + c_n\boldsymbol{a}_n \mid c_j \in \mathbb{K} \;\; (j = 1, 2, \cdots, n)\}$$
を考える。全ての j に対し，$c_j = 0$ とおくことで，$\boldsymbol{o} \in W$ であることがわかる。$\boldsymbol{a} = \sum_{j=1}^{n} c_j \boldsymbol{a}_j, \boldsymbol{b} = \sum_{j=1}^{n} d_j \boldsymbol{a}_j \in W, k \in \mathbb{K}$ とすると，

$$\boldsymbol{a} + \boldsymbol{b} = \sum_{j=1}^{n} c_j \boldsymbol{a}_j + \sum_{j=1}^{n} d_j \boldsymbol{a}_j,$$

$$k\boldsymbol{a} = k \sum_{j=1}^{n} c_j \boldsymbol{a}_j = \sum_{j=1}^{n} k c_j \boldsymbol{a}_j \in W$$

となる。以上より，W は，V の部分空間であることがわかる。

定義 4.3 $\mathbb{K}$ 上の線形空間 V のベクトルの組 $\{\boldsymbol{a}_1, \boldsymbol{a}_2, \cdots, \boldsymbol{a}_n\}$ に対し，
$$\{\boldsymbol{a} = c_1\boldsymbol{a}_1 + c_2\boldsymbol{a}_2 + \cdots + c_n\boldsymbol{a}_n \mid c_j \in \mathbb{K} \;\; (j = 1, 2, \cdots, n)\}$$
で定義される部分空間を $\mathrm{span}\{\boldsymbol{a}_1, \boldsymbol{a}_2, \cdots, \boldsymbol{a}_n\}$ と書き，$\{\boldsymbol{a}_1, \boldsymbol{a}_2, \cdots, \boldsymbol{a}_n\}$ が**生成**する (または張る) 部分空間という。

4.2 1次独立・1次従属

定義 4.4 $\mathbb{K}$ 上の線形空間 V に属するベクトル $\boldsymbol{a}_1, \boldsymbol{a}_1, \boldsymbol{a}_2, \cdots, \boldsymbol{a}_n \in V$ と, スカラー $c_1, c_2, \cdots, c_n \in \mathbb{K}$ に対し,
$$c_1 \boldsymbol{a}_1 + c_2 \boldsymbol{a}_2 + \cdots + c_n \boldsymbol{a}_n$$
を $\boldsymbol{a}_1, \boldsymbol{a}_2, \cdots, \boldsymbol{a}_n$ の **1次結合** という.

定義 4.5 $\mathbb{K}$ 上の線形空間 V に属するベクトル $\boldsymbol{a}_1, \boldsymbol{a}_2, \cdots, \boldsymbol{a}_n$ が, $\mathbb{K}$ のスカラー $c_1, c_2, \cdots, c_n$ が存在して
$$c_1 \boldsymbol{a}_1 + c_2 \boldsymbol{a}_2 + \cdots + c_n \boldsymbol{a}_n = \boldsymbol{o}$$
となるとき, **1次関係** にあるという. 1次関係が $c_1 = c_2 = \cdots = c_n = 0$ のときに限るのであれば, $\boldsymbol{a}_1, \boldsymbol{a}_2, \cdots, \boldsymbol{a}_n$ の組は, **1次独立** であるといい, 1次独立でなければ, **1次従属** であるという.

例 4.11 線形空間 $V = \mathbb{R}^3$ のベクトルの組

$$\boldsymbol{a}_1 = \begin{pmatrix} 2 \\ 6 \\ 4 \end{pmatrix}, \quad \boldsymbol{a}_2 = \begin{pmatrix} 1 \\ 8 \\ 7 \end{pmatrix}, \quad \boldsymbol{a}_3 = \begin{pmatrix} 1 \\ 4 \\ 5 \end{pmatrix}$$

の1次独立性を調べる. 1次関係は,

$$c_1 \begin{pmatrix} 2 \\ 6 \\ 4 \end{pmatrix} + c_2 \begin{pmatrix} 1 \\ 8 \\ 7 \end{pmatrix} + c_3 \begin{pmatrix} 1 \\ 4 \\ 5 \end{pmatrix} = \boldsymbol{o}$$

となる. これは,

$$\begin{pmatrix} 2 & 1 & 1 \\ 6 & 8 & 4 \\ 4 & 7 & 5 \end{pmatrix} \begin{pmatrix} c_1 \\ c_2 \\ c_3 \end{pmatrix} = \boldsymbol{0}$$

と表される. 係数行列の行基本変形を行うと,

$$A = \begin{pmatrix} 2 & 1 & 1 \\ 6 & 8 & 4 \\ 4 & 7 & 5 \end{pmatrix} \to \begin{pmatrix} 2 & 1 & 1 \\ 0 & 5 & 1 \\ 0 & 5 & 3 \end{pmatrix} \to \begin{pmatrix} 2 & 1 & 1 \\ 0 & 5 & 1 \\ 0 & 0 & 2 \end{pmatrix} = B$$

となる. 行列 A と行基本変形によって得られた行列 B の同次形の連立1次方程式は等価である. よって, この場合は $\operatorname{rank} A = 3 = $ 未知数の個数 である

ことから，上の連立方程式は自明解 $c_1 = c_2 = c_3 = 0$ 以外に解はない。したがって，$\{a_1, a_2, a_3\}$ は 1 次独立である。

例 4.12 線形空間 $V = \mathbb{R}^3$ のベクトルの組

$$a_1 = \begin{pmatrix} 2 \\ 6 \\ 4 \end{pmatrix}, \quad a_2 = \begin{pmatrix} 1 \\ 8 \\ 7 \end{pmatrix}, \quad a_3 = \begin{pmatrix} 1 \\ 4 \\ 3 \end{pmatrix}$$

の 1 次独立性を調べる。1 次関係は，

$$c_1 \begin{pmatrix} 2 \\ 6 \\ 4 \end{pmatrix} + c_2 \begin{pmatrix} 1 \\ 8 \\ 7 \end{pmatrix} + c_3 \begin{pmatrix} 1 \\ 4 \\ 3 \end{pmatrix} = o$$

となる。すなわち，

$$\begin{pmatrix} 2 & 1 & 1 \\ 6 & 8 & 4 \\ 4 & 7 & 3 \end{pmatrix} \begin{pmatrix} c_1 \\ c_2 \\ c_3 \end{pmatrix} = o$$

と表される。係数行列の行基本変形を行うと，

$$A = \begin{pmatrix} 2 & 1 & 1 \\ 6 & 8 & 4 \\ 4 & 7 & 3 \end{pmatrix} \to \begin{pmatrix} 2 & 1 & 1 \\ 0 & 5 & 1 \\ 0 & 5 & 1 \end{pmatrix} \to \begin{pmatrix} 2 & 1 & 1 \\ 0 & 5 & 1 \\ 0 & 0 & 0 \end{pmatrix} = B$$

となる。よって，この場合は $\operatorname{rank} A = 2 < 3 = $ 未知数の個数 であることから，上の連立方程式は自明解以外に解をもつ。したがって，$\{a_1, a_2, a_3\}$ は 1 次従属である。

問 4.2 線形空間 $V = \mathbb{R}^4$ の次のベクトル組の 1 次独立性を調べよ。

(1) $a_1 = \begin{pmatrix} 2 \\ 6 \\ 4 \\ 8 \end{pmatrix}, \quad a_2 = \begin{pmatrix} 1 \\ 8 \\ 7 \\ 9 \end{pmatrix}, \quad a_3 = \begin{pmatrix} 1 \\ 4 \\ 5 \\ 5 \end{pmatrix},$

4.2 1次独立・1次従属

(2) $\boldsymbol{a}_1 = \begin{pmatrix} 2 \\ 6 \\ 4 \\ 8 \end{pmatrix}$, $\boldsymbol{a}_2 = \begin{pmatrix} 1 \\ 8 \\ 7 \\ 9 \end{pmatrix}$, $\boldsymbol{a}_3 = \begin{pmatrix} 1 \\ 4 \\ 3 \\ 5 \end{pmatrix}$.

定理 4.1 線形空間 V のベクトル $\boldsymbol{a}_1, \boldsymbol{a}_2, \cdots, \boldsymbol{a}_n$ に対して以下が成り立つ.

(1) $\{\boldsymbol{a}_1, \boldsymbol{a}_2, \cdots, \boldsymbol{a}_n\}$ が 1 次従属であれば,任意の $\boldsymbol{a} \in V$ に対しても $\{\boldsymbol{a}_1, \boldsymbol{a}_2, \cdots, \boldsymbol{a}_n, \boldsymbol{a}\}$ は 1 次従属である.
(2) $\{\boldsymbol{a}_1, \boldsymbol{a}_2, \cdots, \boldsymbol{a}_n\}$ が 1 次独立であれば,その中の任意の r 個 $(r \leqq n)$ のベクトルの組も 1 次独立である.

証明.

(1) ベクトル $\boldsymbol{a}$ を加えた 1 次関係の $c_1\boldsymbol{a}_1 + c_2\boldsymbol{a}_2 + \cdots + c_n\boldsymbol{a}_n + c\boldsymbol{a} = \boldsymbol{o}$ を考える.$c \neq 0$ であれば,定義 4.5 より明らかに $\{\boldsymbol{a}_1, \boldsymbol{a}_2, \cdots, \boldsymbol{a}_n, \boldsymbol{a}\}$ は 1 次従属である.一方,$c = 0$ であれば,1 次関係は $c_1\boldsymbol{a}_1 + c_2\boldsymbol{a}_2 + \cdots + c_n\boldsymbol{a}_n = \boldsymbol{o}$ となる.$\{\boldsymbol{a}_1, \boldsymbol{a}_2, \cdots, \boldsymbol{a}_n\}$ が 1 次従属であることから,$c_1, c_2, \cdots, c_n$ のうち少なくとも 1 つは零でない.したがって,この場合も $\{\boldsymbol{a}_1, \boldsymbol{a}_2, \cdots, \boldsymbol{a}_n, \boldsymbol{a}\}$ は 1 次従属ということになる.
(2) $r = n$ のときは自明である.$r < n$ とする.r 個の 1 次従属なベクトルの組が存在したとする.添え字の番号を付け替えることで,$\{\boldsymbol{a}_1, \boldsymbol{a}_2, \cdots, \boldsymbol{a}_r\}$ が 1 次従属であるしてよい.(1) で示したことから,$\{\boldsymbol{a}_1, \boldsymbol{a}_2, \cdots, \boldsymbol{a}_r, \boldsymbol{a}_{r+1}\}$ は 1 次従属である.これを繰り返すと $\{\boldsymbol{a}_1, \boldsymbol{a}_2, \cdots, \boldsymbol{a}_n\}$ が 1 次従属であることになり,仮定に矛盾する.

□

定理 4.2 線形空間 V のベクトルの組 $\{\boldsymbol{a}_1, \boldsymbol{a}_2, \cdots, \boldsymbol{a}_n\}$ が 1 次従属であれば,その中の少なくとも 1 つのベクトルは他のベクトルの 1 次結合で表すことができる.

証明. $\{\boldsymbol{a}_1, \boldsymbol{a}_2, \cdots, \boldsymbol{a}_n\}$ が 1 次従属であるので,定義 4.5 から,少なくとも 1 つが零でないスカラーの組 $\{c_1, c_2, \cdots, c_n\}$ が存在して,$c_1\boldsymbol{a}_1 + c_2\boldsymbol{a}_2 + \cdots + c_n\boldsymbol{a}_n = \boldsymbol{o}$ となる.添え字の番号を入れ替えることで,$c_1 \neq 0$ としてよ

い。このとき，
$$a_1 = \left(-\frac{c_2}{c_1}\right)a_2 + \cdots + \left(\frac{c_n}{c_1}\right)a_n$$
と a_1 が他のベクトルの 1 次結合で表される。 □

定理 4.3 線形空間 V のベクトルの組 $\{a_1, a_2, \cdots, a_n\}$ が 1 次独立であるとする。これに V のベクトル a を集合の元として加えたベクトルの組 $\{a_1, a_2, \cdots, a_n, a\}$ が 1 次従属であれば，a は $a_1, a_2, \cdots, a_n$ の 1 次結合で表すことができる。

証明. 仮定より，少なくとも 1 つは零でないスカラーの組 $\{c_1, c_2, \cdots, c_n, c\}$ が存在して，$c_1 a_1 + c_2 a_2 + \cdots + c_n a_n + c a = o$ となる。$\{a_1, a_2, \cdots, a_n\}$ の 1 次独立性から，$c \neq 0$ である。よって，a は，
$$a = -\frac{a_1}{c}a_1 + \left(-\frac{c_2}{c}\right)a_2 + \cdots + \left(-\frac{c_n}{c}\right)a_n$$
と $\{a_1, a_2, \cdots, a_n\}$ の 1 次結合で表される。 □

定理 4.4 $\{a_1, a_2, \cdots, a_m\}$ は，線形空間 V の 1 次独立なベクトルの組とする。V の n 個のベクトル $b_1, b_2, \cdots, b_n$ は，それぞれが $\{a_1, a_2, \cdots, a_m\}$ の 1 次結合で表せて，なおかつ，$m < n$ とする。このとき，$\{b_1, b_2, \cdots, b_n\}$ は 1 次従属である。

証明. $b_1, b_2, \cdots, b_n$ の各ベクトルが $a_1, a_2, \cdots, a_m$ の 1 次結合で表せることから，
$$\begin{aligned}
b_1 &= c_{11}a_1 + c_{21}a_2 + \cdots + c_{m1}a_m, \\
b_2 &= c_{12}a_1 + c_{22}a_2 + \cdots + c_{m2}a_m, \\
&\vdots \\
b_n &= c_{1n}a_1 + c_{2n}a_2 + \cdots + c_{mn}a_m
\end{aligned}$$
となる。

4.2　1次独立・1次従属

$$C = \begin{pmatrix} c_{11} & c_{12} & \cdots & c_{1n} \\ c_{21} & c_{22} & \cdots & c_{2n} \\ \vdots & \vdots & \ddots & \vdots \\ c_{m1} & c_{m2} & \cdots & c_{mn} \end{pmatrix}$$

とおくと,

$$(\boldsymbol{b}_1, \boldsymbol{b}_2, \cdots, \boldsymbol{b}_n) = (\boldsymbol{a}_1, \boldsymbol{a}_2, \cdots, \boldsymbol{a}_m)C$$

$\{\boldsymbol{b}_1, \boldsymbol{b}_2, \cdots, \boldsymbol{b}_n\}$ の1次関係は,

$$\boldsymbol{o} = \sum_{j=1}^n d_j \boldsymbol{b}_j = (\boldsymbol{b}_1, \boldsymbol{b}_2, \cdots, \boldsymbol{b}_n)\begin{pmatrix} d_1 \\ d_2 \\ \vdots \\ d_n \end{pmatrix} = (\boldsymbol{a}_1, \boldsymbol{a}_2, \cdots, \boldsymbol{a}_m)C\boldsymbol{d}$$

となる。ここで,

$$\boldsymbol{d} = \begin{pmatrix} d_1 \\ d_2 \\ \vdots \\ d_n \end{pmatrix}$$

である。$\{\boldsymbol{a}_1, \boldsymbol{a}_2, \cdots, \boldsymbol{a}_m\}$ が1次独立であることから, 定義 4.5 によって列ベクトル $C\boldsymbol{d}$ のすべての成分は零でなければならない。連立方程式 $C\boldsymbol{d} = \boldsymbol{o}$ を考える。$m < n$ であるので, $\mathrm{rank}\, C \leqq m < n = $ 未知数の個数 となり, $C\boldsymbol{d} = \boldsymbol{o}$ は自明でない解をもつ。すなわち, $d_1, d_2, \cdots, d_n$ のうち少なくとも 1つは零ではないように選べる。ゆえに, $\{\boldsymbol{b}_1, \boldsymbol{b}_2, \cdots, \boldsymbol{b}_n\}$ は1次従属である。

定理 4.5 $C = (c_{ij})$ を $m \times n$ 行列とする。線形空間 V のベクトルの組 $\{\boldsymbol{a}_1, \boldsymbol{a}_2, \cdots, \boldsymbol{a}_m\}$ が1次独立で,

$$(\boldsymbol{a}_1, \boldsymbol{a}_2, \cdots, \boldsymbol{a}_m)C = (\boldsymbol{o}, \boldsymbol{o}, \cdots, \boldsymbol{o})$$

であれば, $C = O$ である。

証明. 仮定の式は,

$$c_{1i}\boldsymbol{a}_1 + c_{2i}\boldsymbol{a}_2 + \cdots + c_{mi}\boldsymbol{a}_m = \boldsymbol{o} \quad (i = 1, 2, \cdots, n)$$

となる。$\boldsymbol{a}_1, \boldsymbol{a}_2, \cdots, \boldsymbol{a}_m$ の1次独立性より, $c_{1i} = c_{2i} = \cdots = c_{mi} = 0$ と

なる。これが全ての i について成り立つので，$C = O$ である。　□

定義 4.6 線形空間 $V = \mathbb{R}^n$ において，

$$\boldsymbol{e}_1 = \begin{pmatrix} 1 \\ 0 \\ \vdots \\ 0 \end{pmatrix}, \quad \boldsymbol{e}_2 = \begin{pmatrix} 0 \\ 1 \\ \vdots \\ 0 \end{pmatrix}, \quad \cdots, \quad \boldsymbol{e}_n = \begin{pmatrix} 0 \\ \vdots \\ 0 \\ 1 \end{pmatrix}$$

と表される (1 成分のみが 1 で，他の成分はすべて零) ベクトルを**基本ベクトル**という。

例 4.13 基本ベクトルの 1 次関係を考える。

$$c_1 \boldsymbol{e}_1 + c_2 \boldsymbol{e}_2 + \cdots + c_n \boldsymbol{e}_n = \begin{pmatrix} c_1 \\ c_2 \\ \vdots \\ c_n \end{pmatrix} = \boldsymbol{o}$$

であれば $c_1 = c_2 = \cdots = c_n = 0$ となる。したがって，定義 4.5 より，$\{\boldsymbol{e}_1, \boldsymbol{e}_2, \cdots, \boldsymbol{e}_n\}$ は 1 次独立である。

例 4.14 線形空間 $V = \mathbb{R}[x]_n$ において，$n+1$ 個の元 $1, x, \cdots, x^n$ の組は 1 次独立であることを示す。$\mathbb{R}[x]_n$ の零ベクトルは恒等的に 0 という値をとる関数である。したがって，上の $n+1$ の元の 1 次関係は，

$$c_0 + c_1 x + c_2 x^2 + \cdots + c_n x^n \equiv 0$$

となる。ここで，$\equiv$ は全ての $x \in \mathbb{R}$ に対して等しいという意味である。$x = 0$ を代入すると $c_0 = 0$ が得られる。次に，その 1 次関係の式を微分して，$x = 0$ を代入すると $c_1 = 0$ が得られる。順次，繰返すことによって $c_0 = c_1 = c_2 = \cdots = c_n = 0$ となるので，$V = \mathbb{R}[x]_n$ において，$\{1, x, \cdots, x^n\}$ は 1 次独立である。

注意 4.1 $f(x) = \displaystyle\sum_{j=0}^{n} a_j x^j \in \mathbb{R}[x]_n$ と $\boldsymbol{a} = \begin{pmatrix} a_0 \\ a_1 \\ \vdots \\ a_n \end{pmatrix}$ を同一視することで，f は $n+1$ 個

の成分をもつベクトルと考えることができる。上の例は，$\mathbb{R}^{n+1}$ において $n+1$ 個の基本ベクトルの組が 1 次独立であることにほかならない。

例 4.15 ベクトル b_1, b_2, b_3, b_4 がベクトル a_1, a_2, a_3, a_4 によって，
$$b_1 = a_1 + 3a_3 + 2a_4, \qquad b_2 = 2a_1 + a_2 + 3a_4,$$
$$b_3 = 3a_1 + a_2 - a_3 - 3a_4, \quad b_4 = -2a_1 + 2a_3$$
と表されているとする。

$$b_1 = (a_1, a_2, a_3, a_4)\begin{pmatrix} 1 \\ 0 \\ 3 \\ 2 \end{pmatrix}, \quad b_2 = (a_1, a_2, a_3, a_4)\begin{pmatrix} 2 \\ 1 \\ 0 \\ 3 \end{pmatrix},$$

$$b_3 = (a_1, a_2, a_3, a_4)\begin{pmatrix} 3 \\ 1 \\ -1 \\ -3 \end{pmatrix}, \quad b_4 = (a_1, a_2, a_3, a_4)\begin{pmatrix} -2 \\ 0 \\ 2 \\ 0 \end{pmatrix}$$

と書きなおすことができる。これらは，まとめて，

$$(b_1, b_2, b_3, b_4) = (a_1, a_2, a_3, a_4)\begin{pmatrix} 1 & 2 & 3 & -2 \\ 0 & 1 & 1 & 0 \\ 3 & 0 & -1 & 2 \\ 2 & 3 & -3 & 0 \end{pmatrix}$$

と表される。$\{a_1, a_2, a_3, a_4\}$ が 1 次独立であるとして，$\{b_1, b_2, b_3, b_4\}$ の 1 次独立性を調べよう。後者の 1 次関係は

$$o = d_1 b_1 + d_2 b_2 + d_3 b_3 + d_4 b_4 = (b_1, b_2, b_3, b_4)\begin{pmatrix} d_1 \\ d_2 \\ d_3 \\ d_4 \end{pmatrix}$$

$$= (a_1, a_2, a_3, a_4)\begin{pmatrix} 1 & 2 & 3 & -2 \\ 0 & 1 & 1 & 0 \\ 3 & 0 & -1 & 2 \\ 2 & 3 & -3 & 0 \end{pmatrix}\begin{pmatrix} d_1 \\ d_2 \\ d_3 \\ d_4 \end{pmatrix}$$

となる。$\{a_1, a_2, a_3, a_4\}$ が 1 次独立であることから，a_1, a_2, a_3, a_4 の係数である列ベクトルのすべての成分が零でなければならない。すなわち，

$$\begin{pmatrix} 1 & 2 & 3 & -2 \\ 0 & 1 & 1 & 0 \\ 3 & 0 & -1 & 2 \\ 2 & 3 & -3 & 0 \end{pmatrix} \begin{pmatrix} d_1 \\ d_2 \\ d_3 \\ d_4 \end{pmatrix} = o$$

と表され，係数行列の行基本変形を行うと，

$$\begin{pmatrix} 1 & 2 & 3 & -2 \\ 0 & 1 & 1 & 0 \\ 3 & 0 & -1 & 2 \\ 2 & 3 & -3 & 0 \end{pmatrix} \to \begin{pmatrix} 1 & 2 & 3 & -2 \\ 0 & 1 & 1 & 0 \\ 0 & -6 & -10 & 8 \\ 0 & -1 & -9 & 4 \end{pmatrix}$$

$$\to \begin{pmatrix} 1 & 2 & 3 & -2 \\ 0 & 1 & 1 & 0 \\ 0 & 0 & -4 & 8 \\ 0 & 0 & -8 & 4 \end{pmatrix} \to \begin{pmatrix} 1 & 2 & 3 & -2 \\ 0 & 1 & 1 & 0 \\ 0 & 0 & -4 & 8 \\ 0 & 0 & 0 & -12 \end{pmatrix}$$

となる。よって $\operatorname{rank} A = 4 =$ 未知数の個数 であることから，$d_1 = d_2 = d_3 = d_4 = 0$ 以外に解はない。したがって，$\{b_1, b_2, b_3, b_4\}$ は 1 次独立である。

問 4.3 ベクトル b_1, b_2, b_3, b_4 がベクトル a_1, a_2, a_3, a_4 によって，

$$b_1 = a_1 + 3a_3 + 2a_4, \qquad b_2 = 2a_1 + a_2 + 3a_4,$$
$$b_3 = 3a_1 + a_2 - 5a_3 - 3a_4, \quad b_4 = -2a_1 - 10a_3 - 8a_4$$

と表されているとする。

(1) b_1, b_2, b_3, b_4 を a_1, a_2, a_3, a_4 の 1 次結合によって表せ。
(2) $\{a_1, a_2, a_3, a_4\}$ が 1 次独立であるとき，$\{b_1, b_2, b_3, b_4\}$ の 1 次独立性を調べよ。

例 4.16 3 つの多項式

$$f_1(x) = 4x^2 + 6x + 2, \quad f_2(x) = 7x^2 + 8x + 1, \quad f_3(x) = 5x^2 + 4x + 1$$

の $\mathbb{R}[x]_2$ における 1 次独立性を調べる。1 次関係は $c_1 f_1(x) + c_2 f_2(x) + c_3 f_3(x) \equiv 0$ である。これは，

4.2 1次独立・1次従属

$$0 \equiv c_1(4x^2 + 6x + 2) + c_2(7x^2 + 8x + 1) + c_3(5x^2 + 4x + 1)$$
$$= (2c_1 + c_2 + c_3) + (6c_1 + 8c_2 + 4c_3)x + (4c_1 + 7c_2 + 5c_3)x^2$$

と変形される．これが成り立つためには，多項式のすべての係数が零になる必要がある．したがって，

$$\begin{pmatrix} 2 & 1 & 1 \\ 6 & 8 & 4 \\ 4 & 7 & 5 \end{pmatrix} \begin{pmatrix} c_1 \\ c_2 \\ c_3 \end{pmatrix} = \boldsymbol{o}$$

となる．これは例 4.11 と同じ式になることから，$c_1 = c_2 = c_3 = 0$ 以外に解はない．ゆえに，$f_1(x), f_2(x), f_3(x)$ は 1 次独立である．

問 4.4 3 つの多項式

$$f_1(x) = 4x^2 + 6x + 2, \quad f_2(x) = 7x^2 + 8x + 1, \quad f_3(x) = 3x^2 + 4x + 1$$

の $\mathbb{R}[x]_2$ における 1 次独立性を調べよ．

問 4.5 線形空間 $V = \mathbb{R}[x]_n$ において，$n+1$ 個の元の組 $\{1, x+1, \cdots, (x+1)^n\}$ の 1 次独立性を調べよ．

$m \times n$ 行列全体からなる集合は線形空間である．この場合，零ベクトルは零行列 O である．

例 4.17 2×2 行列の組

$$\left\{ \begin{pmatrix} 1 & 0 \\ 0 & 0 \end{pmatrix}, \begin{pmatrix} 0 & 1 \\ 0 & 0 \end{pmatrix}, \begin{pmatrix} 0 & 0 \\ 1 & 0 \end{pmatrix}, \begin{pmatrix} 0 & 0 \\ 0 & 1 \end{pmatrix} \right\}$$

の M_2 における 1 次独立性を調べる．

$$c_1 \begin{pmatrix} 1 & 0 \\ 0 & 0 \end{pmatrix} + c_2 \begin{pmatrix} 0 & 1 \\ 0 & 0 \end{pmatrix} + c_3 \begin{pmatrix} 0 & 0 \\ 1 & 0 \end{pmatrix} + c_4 \begin{pmatrix} 0 & 0 \\ 0 & 1 \end{pmatrix} = O$$

は，$c_1 = c_2 = c_3 = c_4 = 0$ 以外に解をもたないことから，1 次独立である．

問 4.6 2×2 行列の組

$$\left\{ \begin{pmatrix} 1 & 0 \\ 0 & 0 \end{pmatrix}, \begin{pmatrix} 0 & 1 \\ 0 & 0 \end{pmatrix}, \begin{pmatrix} 1 & 1 \\ 0 & 0 \end{pmatrix}, \begin{pmatrix} 1 & 1 \\ 1 & 1 \end{pmatrix} \right\}$$

の M_2 における 1 次独立性を調べよ．

4.3 ベクトルの組の階数

定義 4.7 n 個のベクトルの $a_1, a_2, \cdots, a_n$ から選べる 1 次独立なベクトルの最大個数を，ベクトルの組 $\{a_1, a_2, \cdots, a_n\}$ の階数といい，$\mathrm{rank}(a_1, a_2, \cdots, a_n)$ で表す．

注意 4.2 第 3 章で行列の階数を学んだ．後に述べるように (定理 4.7)，a_j が列ベクトルのとき，ベクトルの組を並べて $A = (a_1, a_2, \cdots, a_n)$ という行列を考えると，$\mathrm{rank}(a_1, a_2, \cdots, a_n) = \mathrm{rank} A$ が成り立つ．この意味で，上の定義の階数は，行列の階数を一般化したものといえる．

定理 4.6 線形空間 V のベクトルの 2 つの組 $\{a_1, a_2, \cdots, a_m\}$ と $\{b_1, b_2, \cdots, b_n\}$ に対して，$b_1, b_2, \cdots, b_n$ の各ベクトルが $a_1, a_2, \cdots, a_m$ の 1 次結合で表されるならば，
$$\mathrm{rank}(b_1, b_2, \cdots, b_n) \leqq \mathrm{rank}((a_1, a_2, \cdots, a_m)$$
が成り立つ．

証明． $\mathrm{rank}(a_1, a_2, \cdots, a_m) = r$, $\mathrm{rank}(b_1, b_2, \cdots, b_n) = s$ とする．$r = 0$ のときは，すべての j に対し，$a_j = o$ である．b_k はこれらの 1 次結合で表されるので，$b_k = o$ である．よって，s も 0 であり，$s \leqq r$ が成立する．

$r > 0$ とする．$s = 0$ であれば，主張は明らかに成立するので，$s > 0$ とする．添え字の番号を入れ替えることで $\{a_1, a_2, \cdots, a_r\}$ が 1 次独立，$\{b_1, b_2, \cdots, b_s\}$ が 1 次独立であるとしてよい．

$b_1, b_2, \cdots, b_n$ の各ベクトルが，$a_1, a_2, \cdots, a_r$ の 1 次結合で表されることを示そう．$r = m$ のときは，仮定である．$r < m$ とする．$r < j \leqq m$ を満たす j について，$\{a_1, a_2, \cdots, a_r, a_j\}$ は 1 次従属であるので，a_j は，$a_1, a_2, \cdots, a_r$ の 1 次結合で表される．仮定より，b_k は，$a_1, a_2, \cdots, a_m$ の 1 次結合で表されるが，そこに現れる a_j $(j > r)$ を $a_1, a_2, \cdots, a_r$ の 1 次結合で表すことにより，b_k が，$a_1, a_2, \cdots, a_r$ の 1 次結合で表されることがわかる．b_k について，
$$b_k = c_{1k} a_1 + c_{2k} a_2 + \cdots + c_{rk} a_r$$
とする．

整理すると，$\{a_1, a_2, \cdots, a_r\}$ と $\{b_1, b_2, \cdots, b_s\}$ はそれぞれ 1 次独立で，各 b_k は，$\{a_1, a_2, \cdots, a_r\}$ の 1 次結合で表される．$r < s$ とすると，定理 4.4 より，$\{b_1, b_2, \cdots, b_s\}$ が 1 次従属となり，矛盾である．ゆえに，$s \leqq r$ である． □

4.3 ベクトルの組の階数

定理 4.7 線形空間 V は $\mathbb{R}^n$ または $\mathbb{C}^n$ とする。V のベクトル $\boldsymbol{a}_1, \boldsymbol{a}_2, \cdots, \boldsymbol{a}_n$ を並べて, 行列 $A = (\boldsymbol{a}_1, \boldsymbol{a}_2, \cdots, \boldsymbol{a}_n)$ と表すと,
$$\mathrm{rank} A = \mathrm{rank}(\boldsymbol{a}_1, \boldsymbol{a}_2, \cdots, \boldsymbol{a}_n)$$
が成り立つ。

証明. 行列 A を基本変形で階段行列 C になったとする。$C = (\boldsymbol{c}_1, \boldsymbol{c}_2, \cdots, \boldsymbol{c}_n)$ とする。$\{\boldsymbol{a}_1, \boldsymbol{a}_2, \cdots, \boldsymbol{a}_n\}$ の 1 次関係 $A\boldsymbol{x} = \boldsymbol{o}$ は, $\{\boldsymbol{c}_1, \boldsymbol{c}_2, \cdots, \boldsymbol{c}_n\}$ の 1 次関係 $C\boldsymbol{y} = \boldsymbol{o}$ に同値変形される。従って, $\mathrm{rank}(\boldsymbol{a}_1, \boldsymbol{a}_2, \cdots, \boldsymbol{a}_n) = \mathrm{rank}(\boldsymbol{c}_1, \boldsymbol{c}_2, \cdots, \boldsymbol{c}_n)$ である。また, 行列の階数の性質から $\mathrm{rank}\, A = \mathrm{rank}\, C$ である。階段行列の零ベクトルではない行ベクトルの 0 でない最初の成分は異なる列に属するので, 零ベクトルでない行ベクトルの数が, $\{\boldsymbol{c}_1, \boldsymbol{c}_2, \cdots, \boldsymbol{c}_n\}$ から選べる 1 次独立なベクトルの最大個数となる。これは, $\mathrm{rank}\, C$ であるので, $\mathrm{rank}(\boldsymbol{c}_1, \boldsymbol{c}_2, \cdots, \boldsymbol{c}_n) = \mathrm{rank}\, C$ となる。以上により,
$$\mathrm{rank} A = \mathrm{rank}(\boldsymbol{a}_1, \boldsymbol{a}_2, \cdots, \boldsymbol{a}_n)$$
となる。 □

例 4.18 線形空間 $V = \mathbb{R}^4$ におけるベクトル
$$\boldsymbol{a}_1 = \begin{pmatrix} 2 \\ 6 \\ 4 \\ 8 \end{pmatrix}, \quad \boldsymbol{a}_2 = \begin{pmatrix} 1 \\ 8 \\ 7 \\ 9 \end{pmatrix}, \quad \boldsymbol{a}_3 = \begin{pmatrix} 1 \\ 4 \\ 3 \\ 5 \end{pmatrix}$$
を考える (これらは, 問 4.2(2) のベクトルと同じである)。行列 $A = (\boldsymbol{a}_1, \boldsymbol{a}_2, \boldsymbol{a}_3)$ とおき, 基本変形を行うと,

$$A = \begin{pmatrix} 2 & 1 & 1 \\ 6 & 8 & 4 \\ 4 & 7 & 3 \\ 8 & 9 & 5 \end{pmatrix} \to \begin{pmatrix} 2 & 1 & 1 \\ 0 & 5 & 1 \\ 0 & 0 & 0 \\ 0 & 0 & 0 \end{pmatrix} \to \begin{pmatrix} 2 & 1 & 1 \\ 0 & 1 & 1/5 \\ 0 & 0 & 0 \\ 0 & 0 & 0 \end{pmatrix}$$
$$\to \begin{pmatrix} 2 & 0 & 4/5 \\ 0 & 1 & 1/5 \\ 0 & 0 & 0 \\ 0 & 0 & 0 \end{pmatrix} \to \begin{pmatrix} 1 & 0 & 2/5 \\ 0 & 1 & 1/5 \\ 0 & 0 & 0 \\ 0 & 0 & 0 \end{pmatrix} = C = (\boldsymbol{c}_1, \boldsymbol{c}_2, \boldsymbol{c}_3)$$

となる。$\operatorname{rank} A = \operatorname{rank} C = 2$ であることから，定理 4.7 により，ベクトルの組の階数も 2 である。また，$\{c_1, c_2\}$ は 1 次独立である。上の基本変形で列の入換はおこなっていないので，対応する $\{a_1, a_2\}$ は 1 次独立であることもわかる。基本変形の方法によっては，他のベクトルの組も可能である。定理 4.3 から残りのベクトル a_3 は，a_1, a_2 を用いて表される。ここで，基本ベクトル c_1, c_2 を用いた c_3 の 1 次結合は，

$$c_3 = \begin{pmatrix} 2/5 \\ 1/5 \\ 0 \\ 0 \end{pmatrix} = \frac{2}{5}\begin{pmatrix} 1 \\ 0 \\ 0 \\ 0 \end{pmatrix} + \frac{1}{5}\begin{pmatrix} 0 \\ 1 \\ 0 \\ 0 \end{pmatrix} = \frac{2}{5}c_1 + \frac{1}{5}c_2$$

であることから，

$$a_3 = \begin{pmatrix} 1 \\ 4 \\ 3 \\ 5 \end{pmatrix} = \frac{2}{5}\begin{pmatrix} 2 \\ 6 \\ 4 \\ 8 \end{pmatrix} + \frac{1}{5}\begin{pmatrix} 1 \\ 8 \\ 7 \\ 9 \end{pmatrix} = \frac{2}{5}a_1 + \frac{1}{5}a_2$$

も分かる。

問 4.7 例 4.18 におけるベクトル a_1 と a_2 について，それぞれ，残りのベクトルを用いて 1 次結合で表せ。

問 4.8 線形空間 $V = \mathbb{R}^4$ におけるベクトル

$$a_1 = \begin{pmatrix} 2 \\ 6 \\ 4 \\ 8 \end{pmatrix}, \quad a_2 = \begin{pmatrix} 1 \\ 8 \\ 7 \\ 9 \end{pmatrix}, \quad a_3 = \begin{pmatrix} 1 \\ 4 \\ 3 \\ 5 \end{pmatrix}, \quad a_4 = \begin{pmatrix} -2 \\ -10 \\ -8 \\ -12 \end{pmatrix}$$

について，次に答えよ。

(1) $\operatorname{rank}(a_1, a_2, a_3, a_4)$ と 1 次独立なベクトルの組を 1 組求めよ。
(2) 1 次独立なベクトルの組を用いて，それ以外のベクトルをそれらの 1 次結合で表せ。

例 4.19 線形空間 $V = \mathbb{R}[x]_3$ において 3 つの多項式

4.3 ベクトルの組の階数

$$f_1(x) = 8x^3 + 4x^2 + 6x + 2,$$
$$f_2(x) = 9x^3 + 7x^2 + 8x + 1,$$
$$f_3(x) = 5x^3 + 3x^2 + 4x + 1$$

を考える。例 4.14 により，$\mathbb{R}[x]_3$ において $\{1, x, x^2, x^3\}$ は 1 次独立である。$f_1(x), f_2(x), f_3(x)$ を $1, x, x^2, x^3$ の係数についてまとめると，

$$(f_1(x), f_2(x), f_3(x)) = (1, x, x^2, x^3)\begin{pmatrix} 2 & 1 & 1 \\ 6 & 8 & 4 \\ 4 & 7 & 3 \\ 8 & 9 & 5 \end{pmatrix}$$

となる。ここで，$f_1(x), f_2(x), f_3(x)$ の 1 次関係は，

$$0 \equiv c_1 f_1(x) + c_2 f_2(x) + c_3 f_3(x) = (f_1(x), f_2(x), f_3(x))\begin{pmatrix} c_1 \\ c_2 \\ c_3 \end{pmatrix}$$

$$= (1, x, x^2, x^3)\begin{pmatrix} 2 & 1 & 1 \\ 6 & 8 & 4 \\ 4 & 7 & 3 \\ 8 & 9 & 5 \end{pmatrix}\begin{pmatrix} c_1 \\ c_2 \\ c_3 \end{pmatrix}$$

となる。$\{1, x, x^2, x^3\}$ は 1 次独立性から，

$$\begin{pmatrix} 2 & 1 & 1 \\ 6 & 8 & 4 \\ 4 & 7 & 3 \\ 8 & 9 & 5 \end{pmatrix}\begin{pmatrix} c_1 \\ c_2 \\ c_3 \end{pmatrix} = \boldsymbol{o}$$

でなければならない。左辺の係数行列を $A = (\boldsymbol{a}_1, \boldsymbol{a}_2, \boldsymbol{a}_3)$ とおく。上の関係式は，

$$c_1 \boldsymbol{a}_1 + c_2 \boldsymbol{a}_2 + c_3 \boldsymbol{a}_3 = \boldsymbol{o}$$

と書きなおすことができる。すなわち，$f_1(x), f_2(x) \, f_3(x)$ の 1 次関係は列ベクトル $\boldsymbol{a}_1, \boldsymbol{a}_2, \boldsymbol{a}_3$ の 1 次関係と等価であることがわかる。したがって，これは列ベクトル $\boldsymbol{a}_1, \boldsymbol{a}_2, \boldsymbol{a}_3$ の組の階数に関する問題と同じになる。よって，列ベクトルは例 4.18 と同じであることから，

$$\mathrm{rank}(f_1(x), f_2(x), f_3(x)) = \mathrm{rank}(\boldsymbol{a}_1, \boldsymbol{a}_2, \boldsymbol{a}_3) = 2$$

となる。$a_3 = \frac{2}{5}a_1 + \frac{1}{5}a_2$ であるので,
$$f_3(x) = \frac{2}{5}f_1(x) + \frac{1}{5}f_2(x)$$
と表される。

4.4 基底と次元

定義 4.8 線形空間 V のベクトルの組 $\{a_1, a_2, \cdots, a_n\}$ が,1次独立であり,$V = \mathrm{span}\{a_1, a_2, \cdots, a_n\}$ となるとき,$\{a_1, a_2, \cdots, a_n\}$ を V の**基底** (あるいは基) という。

$\mathrm{span}\{a_1, a_2, \cdots, a_n\}$ は,$\{a_1, a_2, \cdots, a_n\}$ の1次結合全体であるので,$\{a_1, a_2, \cdots, a_n\}$ が V の基底であれば,任意の $a \in V$ は,
$$a = c_1 a_1 + c_2 a_2 + \cdots + c_n a_n$$
と表される。しかも,この表現は一意的である。実際,
$$a = d_1 a_1 + d_2 a_2 + \cdots + d_n a_n$$
とも表されたとすると,
$$\begin{aligned}
o &= a - a \\
&= c_1 a_1 + c_2 a_2 + \cdots + c_n a_n - (d_1 a_1 + d_2 a_2 + \cdots + d_n a_n) \\
&= (c_1 - d_1)a_1 + (c_2 - d_2)a_2 + \cdots + (c_n - d_n)a_n
\end{aligned}$$
となる。$\{a_1, a_2, \cdots, a_n\}$ の1次独立性より,$c_1 = d_1, c_2 = d_2, \cdots, c_n = d_n$ となる。

定理 4.8 線形空間 V のベクトルの2つの組 $\{a_1, a_2, \cdots, a_m\}$ と $\{b_1, b_2, \cdots, b_n\}$ が V の基底であれば,$n = m$ である。

証明. $\{a_1, a_2, \cdots, a_m\}$ が V の基底であるので,定義4.8より,$b_1, b_2, \cdots, b_n$ は,$a_1, a_2, \cdots, a_m$ の1次結合で表される。定理4.6により,
$$n = \mathrm{rank}\,(b_1, b_2, \cdots, b_n) \leq \mathrm{rank}\,(a_1, a_2, \cdots, a_m) = m$$
である。$\{a_1, a_2, \cdots, a_m\}$ と $\{b_1, b_2, \cdots, b_n\}$ の役割を入れ替えて,同様に議論すれば,$m \leq n$ となる。以上より $n = m$ となる。 □

4.4 基底と次元   117

この定理により，基底となるベクトルの個数は，基底の採り方によらないことがわかる．

定義 4.9 基底となるベクトルの個数をその**線形空間の次元**といい $\dim V$ で表す．

A を $m \times n$ 行列とし，連立方程式の解空間 $W = \{\boldsymbol{x} \in \mathbb{R}^n \,|\, A\boldsymbol{x} = \boldsymbol{o}\}$ の次元を考える．$\dim W$ は $\operatorname{rank} A$ から計算できる．具体例で考えよう．

例 4.20 $W = \left\{ \boldsymbol{x} \in \mathbb{R}^3 \,\middle|\, \begin{array}{l} x_1 - x_2 - 2x_3 = 0 \\ 3x_1 - x_2 + 2x_3 = 0 \\ x_1 + x_2 + 6x_3 = 0 \end{array} \right\}$ の次元と 1 組の基底，$\dim W$ と $\operatorname{rank} A$ の関係を求めよう．行列を用いて表すと，

$$\begin{pmatrix} 1 & -1 & -2 \\ 3 & -1 & 2 \\ 1 & 1 & 6 \end{pmatrix} \begin{pmatrix} x_1 \\ x_2 \\ x_3 \end{pmatrix} = \boldsymbol{o}$$

となる．左辺の係数行列を A とおく．A を基本変形して，

$$\begin{pmatrix} 1 & -1 & -2 \\ 3 & -1 & 2 \\ 1 & 1 & 6 \end{pmatrix} \to \begin{pmatrix} 1 & -1 & -2 \\ 0 & 2 & 8 \\ 0 & 2 & 8 \end{pmatrix} \to \begin{pmatrix} 1 & -1 & -2 \\ 0 & 2 & 8 \\ 0 & 0 & 0 \end{pmatrix}$$

$$\to \begin{pmatrix} 1 & -1 & -2 \\ 0 & 1 & 4 \\ 0 & 0 & 0 \end{pmatrix} \to \begin{pmatrix} 1 & 0 & 2 \\ 0 & 1 & 4 \\ 0 & 0 & 0 \end{pmatrix}$$

となる．すなわち，

$$x_1 + 2x_3 = 0,$$
$$x_2 + 4x_3 = 0$$

が得られる．ここで，$x_3 = c_1$ として，式を整理すると，

$$\boldsymbol{x} = \begin{pmatrix} x_1 \\ x_2 \\ x_3 \end{pmatrix} = c_1 \begin{pmatrix} -2 \\ -4 \\ 1 \end{pmatrix} = c_1 \boldsymbol{a}_1$$

となる．ここで，

$$\boldsymbol{a}_1 = \begin{pmatrix} -2 \\ -4 \\ 1 \end{pmatrix}$$

である．ゆえに，

$$W = \{\boldsymbol{x} \in \mathbb{R}^3 \mid A\boldsymbol{x} = \boldsymbol{o}\} = \mathrm{span}\{\boldsymbol{a}_1\}$$

である．$\{\boldsymbol{a}_1\}$ は 1 次独立であるので，これが W の基底である．よって，$\dim W = 1$ である．また，上の計算から $\mathrm{rank}\, A = 2$ である．$\dim W = 3 - \mathrm{rank}\, A$ である．

例 4.21 $W = \left\{ \boldsymbol{x} \in \mathbb{R}^5 \ \middle| \ \begin{array}{l} x_1 - x_2 - 2x_3 + 3x_4 + x_5 = 0 \\ 3x_1 - x_2 + 2x_3 + x_4 + x_5 = 0 \end{array} \right\}$ の次元と 1 組の基底，$\dim W$ と $\mathrm{rank}\, A$ の関係を求めよう．行列を用いて表すと，

$$\begin{pmatrix} 1 & -1 & -2 & 3 & 1 \\ 3 & -1 & 2 & 1 & 1 \end{pmatrix} \begin{pmatrix} x_1 \\ x_2 \\ x_3 \\ x_4 \\ x_5 \end{pmatrix} = \boldsymbol{o}$$

となる．左辺の係数行列を A とおく．A を基本変形して，

$$\begin{pmatrix} 1 & -1 & -2 & 3 & 1 \\ 3 & -1 & 2 & 1 & 1 \end{pmatrix}$$
$$\to \begin{pmatrix} 1 & -1 & -2 & 3 & 1 \\ 0 & 2 & 8 & -8 & -2 \end{pmatrix}$$
$$\to \begin{pmatrix} 1 & -1 & -2 & 3 & 1 \\ 0 & 1 & 4 & -4 & -1 \end{pmatrix}$$
$$\to \begin{pmatrix} 1 & 0 & 2 & -1 & 0 \\ 0 & 1 & 4 & -4 & -1 \end{pmatrix}$$

となる．すなわち，

$$x_1 + 2x_3 - x_4 = 0,$$
$$x_2 + 4x_3 - 4x_4 - x_5 = 0$$

が得られる．ここで，$x_3 = c_1, x_4 = c_2, x_5 = c_3$ として，式を整理すると，

4.4 基底と次元

$$\boldsymbol{x} = \begin{pmatrix} x_1 \\ x_2 \\ x_3 \\ x_4 \\ x_5 \end{pmatrix} = c_1 \begin{pmatrix} -2 \\ -4 \\ 1 \\ 0 \\ 0 \end{pmatrix} + c_2 \begin{pmatrix} 1 \\ 4 \\ 0 \\ 1 \\ 0 \end{pmatrix} + c_3 \begin{pmatrix} 0 \\ 1 \\ 0 \\ 0 \\ 1 \end{pmatrix} = c_1 \boldsymbol{a}_1 + c_2 \boldsymbol{a}_2 + c_3 \boldsymbol{a}_3$$

となる。ここで，

$$\boldsymbol{a}_1 = \begin{pmatrix} -2 \\ -4 \\ 1 \\ 0 \\ 0 \end{pmatrix}, \quad \boldsymbol{a}_2 = \begin{pmatrix} 1 \\ 4 \\ 0 \\ 1 \\ 0 \end{pmatrix}, \quad \boldsymbol{a}_3 = \begin{pmatrix} 0 \\ 1 \\ 0 \\ 0 \\ 1 \end{pmatrix}$$

である。$W = \mathrm{span}\{\boldsymbol{a}_1, \boldsymbol{a}_2, \boldsymbol{a}_3\}$ である。$\{\boldsymbol{a}_1, \boldsymbol{a}_2, \boldsymbol{a}_3\}$ は 1 次独立であるので，$\dim W = 3$ であり，$\{\boldsymbol{a}_1, \boldsymbol{a}_2, \boldsymbol{a}_3\}$ が W の基底となる。上の計算から $\mathrm{rank}A = 2$ である。ゆえに，$\dim W = 5 - \mathrm{rank}A$ となる。

一般に次が成り立つ。

定理 4.9 (次元定理) 連立方程式の解空間の次元は，
$$\dim\{\boldsymbol{x} \in \mathbb{R}^n \,|\, A\boldsymbol{x} = \boldsymbol{o}\} = n - \mathrm{rank}A$$
で与えられる。

問 4.9 次の W の次元および 1 組の基底を求めよ。

(1) $W = \left\{ \boldsymbol{x} \in \mathbb{R}^4 \,\middle|\, \begin{array}{l} x_1 - x_2 - 2x_3 + 3x_4 = 0 \\ 3x_1 - x_2 + 2x_3 + x_4 = 0 \\ x_1 + x_2 + 6x_3 - 5x_4 = 0 \end{array} \right\}$,

(2) $W = \left\{ \boldsymbol{x} \in \mathbb{R}^4 \,\middle|\, \begin{array}{l} x_1 - x_2 - 2x_3 + 3x_4 = 0 \\ 3x_1 - x_2 + 2x_3 + x_4 = 0 \end{array} \right\}$,

(3) $W = \left\{ \boldsymbol{x} \in \mathbb{R}^4 \,\middle|\, \begin{array}{l} x_1 + x_2 + x_3 + x_4 = 0 \\ x_1 + 2x_2 + 4x_3 + 8x_4 = 0 \end{array} \right\}$.

注意 4.3 一般的に部分空間の次元とは基底となるベクトルの数を表すが，解空間の次元は，解に含まれる任意定数の個数であり，**解の自由度**ともいわれる。

A が正方行列の場合を考えよう。A が逆行列をもつとき，$A\bm{x} = \bm{o}$ の解は $\bm{x} = A^{-1}\bm{o} = \bm{o}$ (自明解) のみである。次元定理を用いると，$A\bm{x} = \bm{o}$ が自明解のみを持つための必要十分条件は，A が逆行列をもつことであることがわかる。もう少し正確にいえば，次のようになる。

定理 4.10 A を n 次正方行列とする。このとき，次は同値である。

(a) A は逆行列を持つ。
(b) $\det A \neq 0$.
(c) $\mathrm{rank} A = n$.
(d) $A\bm{x} = \bm{o}$ の解は $\bm{x} = \bm{o}$ (自明解) のみである。
(e) $A = (\bm{a}_1, \bm{a}_2, \cdots, \bm{a}_n)$ とおくと，$\{\bm{a}_1, \bm{a}_2, \cdots, \bm{a}_n\}$ は 1 次独立である。

証明. (a) $\iff$ (b) は第 2 章で示した。(a) $\implies$ (d) は上で示した (または第 1 章で述べた)。階数の定義から (c) $\iff$ (e) である。したがって，(c) $\implies$ (b) と (c) $\iff$ (d) を示せばよい。

(c) $\implies$ (b) について。$\mathrm{rank} A = n$ とする。A を階段行列に基本変形すると，上三角行列でさらに対角成分はすべて 0 ではないものになる。行列式の性質より，基本変形によって，行列式の値は変わるが，0 か 0 でないかは変わらない。得られた階段行列の行列式は，対角成分の積になるので，0 ではない。よって，$\det A \neq 0$ である。

(c) $\iff$ (d) について。次元定理より，(c) と $\dim\{\bm{x} \in \mathbb{R}^n \mid A\bm{x} = \bm{o}\} = 0$ は同値である。後者は (d) と同値である。 □

例 4.22 $\bm{a}_1 = \begin{pmatrix} 2 \\ 1 \\ 2 \end{pmatrix}, \bm{a}_2 = \begin{pmatrix} 1 \\ 1 \\ 4 \end{pmatrix}, \bm{a}_3 = \begin{pmatrix} -1 \\ 1 \\ 8 \end{pmatrix}$ とおく。$\{\bm{a}_1, \bm{a}_2, \bm{a}_3\}$ が 1 次従属であることを，行列式を用いて示そう。定理 4.10 より，$\det(\bm{a}_1, \bm{a}_2, \bm{a}_3) = 0$ を示せばよい。Sarrus の法則を用いて，

$$\det(\bm{a}_1, \bm{a}_2, \bm{a}_3) = \det \begin{pmatrix} 2 & 1 & -1 \\ 1 & 1 & 1 \\ 2 & 4 & 8 \end{pmatrix} = 16 - 4 + 2 + 2 - 8 - 8 = 0$$

であるので，$\{\bm{a}_1, \bm{a}_2, \bm{a}_3\}$ は 1 次従属である。

4.4 基底と次元

定理 4.10 は，後に正方行列の固有値を求める際に使われる (第 5 章)。また，以下のような工学上の問題を解く際にも使われる。

例 4.23 質量 m_1 の質点 A_1 と質量 m_2 の質点 A_2 がばね定数 k のばねで結合して 1 次元調和振動している。これらの質点の振動数を求めてみよう。

質点 A_j の変位をそれぞれ x_j，振幅を X_j とする。ω を振動数，t を時間とすると，運動方程式は，

$$m_1 \frac{d^2 x_1}{dt^2} = -k(x_1 - x_2),$$
$$m_2 \frac{d^2 x_1}{dt^2} = -k(x_2 - x_1),$$

となる。これに $x_j = X_j \sin \omega t$ を代入すると，X_j に関する連立方程式

$$-m_1 \omega^2 X_1 = -k(X_1 - X_2),$$
$$-m_2 \omega^2 X_2 = -k(X_2 - X_1)$$

が得られる。これらを行列で表すと，

$$\begin{pmatrix} -m_1 \omega^2 + k & -k \\ -k & -m_2 \omega^2 + k \end{pmatrix} \begin{pmatrix} X_1 \\ X_2 \end{pmatrix} = \begin{pmatrix} 0 \\ 0 \end{pmatrix}$$

となる。これが非自明解を持つためには，

$$\det \begin{pmatrix} -m_1 \omega^2 + k & -k \\ -k & -m_2 \omega^2 + k \end{pmatrix} = 0$$

でなければならない。これを $\omega (\geqq 0)$ について解くと，

$$\omega = 0, \quad \sqrt{\frac{k}{\mu}}$$

となる。ここで μ は，

$$\frac{m_1 m_2}{m_1 + m_2}$$

であり，**換算質量**と呼ばれる。

$$\omega = 0 \text{ のとき,} \begin{pmatrix} X_1 \\ X_2 \end{pmatrix} = c \begin{pmatrix} 1 \\ 1 \end{pmatrix} \quad (c \neq 0),$$

$$\omega = \sqrt{\frac{k}{\mu}} \text{ のとき}, \begin{pmatrix} X_1 \\ X_2 \end{pmatrix} = c \begin{pmatrix} m_2 \\ -m_1 \end{pmatrix} \quad (c \neq 0),$$

となる．すなわち，2 質点が同方向に変位するとき，

$$\text{固有振動数 } \omega = 0,$$

逆方向に変位するとき，

$$\text{固有振動数 } \omega = \sqrt{\frac{k}{\mu}}$$

であることがわかる．

例 4.24 原子軌道の波動関数 ϕ_1 および ϕ_2 の 1 次結合 (c_1, c_2 は原子軌道の係数) を用いて，分子軌道 φ を

$$\varphi = c_1 \phi_1 + c_2 \phi_2$$

と表す．この系のハミルトニアンを H とすると，

$$H\varphi = E\varphi$$

となる．ここで H は，電子の運動エネルギーとポテンシャルエネルギーの和に相当し，E は分子軌道のエネルギーである．

これらの 2 式から，2 つの同一原子が形成する分子軌道のエネルギー E を求めてみよう．

第 2 式の両辺左から φ を掛けて積分する．ここで，積分とは，2 つの原子軌道の化学結合 (π 結合) によって生じるある種の空間の全積分を意味する．その結果，

$$\int \varphi H \varphi \, d\tau = E \int \varphi^2 \, d\tau$$

となる．これより，

$$E = \frac{\int \varphi H \varphi \, d\tau}{\int \varphi^2 \, d\tau}$$

となる．$\varphi = c_1 \phi_1 + c_2 \phi_2$ を代入して整理すると，

$$E = \frac{c_1^2 H_{11} + c_1 c_2 (H_{12} + H_{21}) + c_2^2 H_{22}}{c_1^2 S_{11} + c_1 c_2 (S_{12} + S_{21}) + c_2^2 S_{22}}$$

4.4 基底と次元

となる。ここで,
$$H_{ij} = \int \phi_i H \phi_j d\tau, \quad S_{ij} = \int \phi_i \phi_j d\tau$$

である。c_1, c_2 は E の値が停留するものとして決まるので,$\frac{\partial E}{\partial c_1} = \frac{\partial E}{\partial c_2} = 0$ を計算すると,

$$2c_1(H_{11} - ES_{11}) + c_2\{(H_{12} + H_{21}) - E(S_{12} + S_{21})\} = 0,$$
$$c_1\{(H_{12} + H_{21}) - E(S_{12} + S_{21})\} + 2c_2(H_{22} - ES_{22}) = 0,$$

となる。ここで,

$$H_{11} = H_{22} \; (= \alpha : クーロン積分),$$
$$H_{12} = H_{21} \; (= \beta : 共鳴積分),$$
$$S_{11} = S_{22} = 1 \; (重なり積分),$$
$$S_{12} = S_{21} = 0$$

とおくことで,

$$c_1(\alpha - E) + c_2\beta = 0,$$
$$c_1\beta + c_2(\alpha - E) = 0$$

が得られる。これらを β で割り,$(\alpha - H)/\beta = x$ とおくと,

$$\begin{pmatrix} x & 1 \\ 1 & x \end{pmatrix} \begin{pmatrix} c_1 \\ c_2 \end{pmatrix} = \begin{pmatrix} 0 \\ 0 \end{pmatrix}$$

となる。$(c_1, c_2) \neq (0, 0)$ であるので,

$$\det \begin{pmatrix} x & 1 \\ 1 & x \end{pmatrix} = 0$$

となる。これより,$x = \pm 1$ が得られる。連立方程式にこれを代入して,$x = -1$ のとき $c_1 = c_2$, $x = 1$ のとき $c_1 = -c_2$ となる。$(\alpha - E)/\beta = x$ であるので,ゆえに,求めるエネルギーと原子軌道の係数は,

$$x = -1 \text{ のとき},\; E = \alpha + \beta,\; c_1 = c_2 \neq 0,$$
$$x = 1 \text{ のとき},\; E = \alpha - \beta,\; c_1 = -c_2 \neq 0$$

となる。

このように,2 つの同一原子の原子軌道から形成される分子軌道には係数 c_1 および c_2 の符号に対応する異なる 2 つのエネルギーが存在する。

章末問題 4

1 次の集合 W が部分空間であるかを調べよ.

(1) $W = \{f(x) \in \mathbb{R}[x]_4 \mid f(0) = 0, \, f(1) = 0\}$,

(2) $W = \{f(x) \in \mathbb{R}[x]_3 \mid f'(2) = 0, \, f(1) = 0\}$.

2 次のベクトル組の $\mathbb{C}^3$ における 1 次独立性を調べよ.

(1) $\boldsymbol{a}_1 = \begin{pmatrix} 1 \\ i \\ 2i \end{pmatrix}, \quad \boldsymbol{a}_2 = \begin{pmatrix} i \\ 1 \\ 3 \end{pmatrix}$,

(2) $\boldsymbol{a}_1 = \begin{pmatrix} 1 \\ i \\ 2i \end{pmatrix}, \quad \boldsymbol{a}_2 = \begin{pmatrix} i \\ -1 \\ -2 \end{pmatrix}$.

3 次のように多項式 $f_1(x), f_2(x), f_3(x)$ が与えられている. それぞれの組の $\mathbb{R}[x]_2$ における 1 次独立性を調べよ.

(1) $f_1(x) = x^2 + 2x, \quad f_2(x) = 2x^2 + x + 1, \quad f_3(x) = x^2 - x + 2$.

(2) $f_1(x) = x^2 + 2x, \quad f_2(x) = 2x^2 + 5x + 1, \quad f_3(x) = x^2 + 4x + 2$.

4 線形空間 $V = \mathbb{R}[x]_3$ における 3 つの多項式

$$f_1(x) = 8x^3 + 4x^2 + 6x + 2, \quad f_2(x) = 9x^3 + 7x^2 + 8x + 1,$$
$$f_3(x) = 5x^3 + 3x^2 + 4x + 1, \quad f_4(x) = 12x^3 - 8x^2 - 10x - 2$$

について, 次に答えよ.

(1) $\mathrm{rank}(f_1, f_2, f_3, f_4)$ と 1 次独立な多項式の組を 1 組求めよ.

(2) 1 次独立な多項式を用いて, それ以外の多項式をそれらの 1 次結合で表せ.

5 次の W の次元および 1 組の基底を求めよ.

(1) $W = \{f(x) \in \mathbb{R}[x]_3 \mid f(1) = 0, \, f'(2) = 0\}$,

(2) $W = \{f(x) \in \mathbb{R}[x]_3 \mid f(1) = 0, \, f(2) = 0\}$.

6 線形空間 $V = \mathbb{R}^4$ の次のベクトル組の 1 次独立性を行列式を用いて調べよ.

(1) $\bm{a}_1 = \begin{pmatrix} 6 \\ 4 \\ -2 \\ 3 \end{pmatrix}$, $\bm{a}_2 = \begin{pmatrix} 1 \\ 9 \\ 0 \\ 8 \end{pmatrix}$, $\bm{a}_3 = \begin{pmatrix} 0 \\ -1 \\ 0 \\ 2 \end{pmatrix}$, $\bm{a}_4 = \begin{pmatrix} 8 \\ 0 \\ 4 \\ 1 \end{pmatrix}$,

(2) $\bm{a}_1 = \begin{pmatrix} 6 \\ 4 \\ -2 \\ 3 \end{pmatrix}$, $\bm{a}_2 = \begin{pmatrix} 10 \\ 9 \\ 0 \\ 8 \end{pmatrix}$, $\bm{a}_3 = \begin{pmatrix} 0 \\ -1 \\ 0 \\ 2 \end{pmatrix}$, $\bm{a}_4 = \begin{pmatrix} 8 \\ 0 \\ 4 \\ 30 \end{pmatrix}$.

7 線形空間 $V = \mathbb{R}^3$ の次のベクトル組の次元と 1 組の基底を求めよ。

(1) $\bm{a}_1 = \begin{pmatrix} 2 \\ 1 \\ 1 \end{pmatrix}$, $\bm{a}_2 = \begin{pmatrix} 1 \\ 2 \\ 1 \end{pmatrix}$, $\bm{a}_3 = \begin{pmatrix} 1 \\ 1 \\ 2 \end{pmatrix}$,

(2) $\bm{a}_1 = \begin{pmatrix} a \\ 1 \\ 1 \end{pmatrix}$, $\bm{a}_2 = \begin{pmatrix} 1 \\ a \\ 1 \end{pmatrix}$, $\bm{a}_3 = \begin{pmatrix} 1 \\ 1 \\ a \end{pmatrix}$.

8 3 つの質点 A_1, A_2, A_3 が 1 次元調和振動している。ここで，A_1 と A_3 の質量が M，A_2 の質量が m であり，A_1 と A_2，および A_2 と A_3 がばね定数 k で結合しているとする。振動数 ω を

$$M\frac{d^2 x_1}{dt^2} = -k(x_1 - x_2),$$
$$m\frac{d^2 x_2}{dt^2} = -k(x_2 - x_1) - k(x_2 - x_1),$$
$$M\frac{d^2 x_3}{dt^2} = -k(x_3 - x_2),$$
$$x_j = X_j \sin \omega t \quad (j = 1, 2, 3)$$

より求めよ。ここで，t は時間，X_j は x_j の振幅である。

9 4 つの同一原子が直線的に，1 次結合して形成する分子軌道のエネルギー準位 E を求めよ。

5
行列の対角化・Jordan 標準形

n 次正方行列 A が与えられたとき，これを正則行列 P により，$P^{-1}AP$ と変形して，$P^{-1}AP$ を Jordan 標準形と呼ばれる標準的な形にすることができることが知られている．Jordan 標準形のひとつの場合として，対角行列があげられる．本章では主として，対角行列を標準形としてもつような行列について，考察する．

5.1 正規直交系

第 0 章で，空間ベクトルの内積について学んだ．2 つの空間ベクトル

$$\boldsymbol{x} = \begin{pmatrix} x_1 \\ x_2 \\ x_3 \end{pmatrix}, \ \boldsymbol{y} = \begin{pmatrix} y_1 \\ y_2 \\ y_3 \end{pmatrix}$$

に対し，$\boldsymbol{x}$ と $\boldsymbol{y}$ の内積 $\boldsymbol{x} \cdot \boldsymbol{y}$ は，

$$\boldsymbol{x} \cdot \boldsymbol{y} = x_1 y_1 + x_2 y_2 + x_3 y_3$$

を満たしていた．

これを，n 次元複素ベクトル空間 $\mathbb{C}^n$ および n 次元実ベクトル空間 $\mathbb{R}^n$ に拡張しよう．以降，$\mathbb{C}^n$ と $\mathbb{R}^n$ を同時に扱うことにする．そのため，$\mathbb{K} = \mathbb{C}$ または $\mathbb{R}$ とおく．$\mathbb{K}^n$ は，$\mathbb{C}^n$ または $\mathbb{R}^n$ を表す．

定義 5.1 (内積) n 次元ベクトル空間 $\mathbb{K}^n$ の 2 つのベクトル

5.1 正規直交系

$$\boldsymbol{x} = \begin{pmatrix} x_1 \\ x_2 \\ \vdots \\ x_n \end{pmatrix}, \ \boldsymbol{y} = \begin{pmatrix} y_1 \\ y_2 \\ \vdots \\ y_n \end{pmatrix}$$

に対し，$\boldsymbol{x}$ と $\boldsymbol{y}$ の**内積** $\boldsymbol{x} \cdot \boldsymbol{y}$ を

$$\boldsymbol{x} \cdot \boldsymbol{y} = {}^t\boldsymbol{x}\,\overline{\boldsymbol{y}} = x_1\overline{y_1} + x_2\overline{y_2} + \cdots + x_n\overline{y_n} \in \mathbb{K}$$

と定める。

注意 5.1 $\mathbb{K} = \mathbb{R}$ の場合は，実数の複素共役は値が変わらないことから，n 次元ベクトル空間 $\mathbb{R}^n$ の 2 つのベクトル

$$\boldsymbol{x} = \begin{pmatrix} x_1 \\ x_2 \\ \vdots \\ x_n \end{pmatrix}, \ \boldsymbol{y} = \begin{pmatrix} y_1 \\ y_2 \\ \vdots \\ y_n \end{pmatrix}$$

の内積 $\boldsymbol{x} \cdot \boldsymbol{y}$ は，

$$\boldsymbol{x} \cdot \boldsymbol{y} = {}^t\boldsymbol{x}\,\boldsymbol{y} = x_1 y_1 + x_2 y_2 + \cdots + x_n y_n \in \mathbb{R}$$

となる。以後も，$\mathbb{K} = \mathbb{R}$ の場合，命題や定理の中で現れる複素共役の記号は省くことができることに注意されたい。

定理 5.1 (内積の基本性質) 内積は，次の性質を満たす。$\boldsymbol{x}, \boldsymbol{x}', \boldsymbol{y} \in \mathbb{K}^n, c \in \mathbb{K}$ に対し，

(1) $(\boldsymbol{x} + \boldsymbol{x}') \cdot \boldsymbol{y} = \boldsymbol{x} \cdot \boldsymbol{y} + \boldsymbol{x}' \cdot \boldsymbol{y}$,

(2) $(c\boldsymbol{x}) \cdot \boldsymbol{y} = c(\boldsymbol{x} \cdot \boldsymbol{y})$,

(3) $\boldsymbol{y} \cdot \boldsymbol{x} = \overline{\boldsymbol{x} \cdot \boldsymbol{y}}$,

(4) $\boldsymbol{x} \cdot \boldsymbol{x}$ は実数であり，$\boldsymbol{x} \cdot \boldsymbol{x} \geqq 0$,

(5) $\boldsymbol{x} = \boldsymbol{o} \iff \boldsymbol{x} \cdot \boldsymbol{x} = 0$

が成り立つ。また，$\boldsymbol{x}, \boldsymbol{y}, \boldsymbol{y}' \in \mathbb{K}^n,\ c' \in \mathbb{K}$ に対し，

(6) $\boldsymbol{x} \cdot (\boldsymbol{y} + \boldsymbol{y}') = \boldsymbol{x} \cdot \boldsymbol{y} + \boldsymbol{x} \cdot \boldsymbol{y}'$

(7) $\boldsymbol{x} \cdot (c'\boldsymbol{y}) = \overline{c'}\,(\boldsymbol{x} \cdot \boldsymbol{y})$

(8) $\boldsymbol{x} \cdot \boldsymbol{o} = \boldsymbol{o} \cdot \boldsymbol{y} = 0$

も成り立つ。

問 5.1 上記の (1)–(5) を確かめよ。また，(1)–(3) を用いて，(6)–(8) を導け。

注意 5.2 一般に，$\mathbb{K}^n$ の 2 つの元 $\boldsymbol{x}$, $\boldsymbol{y}$ に対し，$\mathbb{K}$ の元 $\boldsymbol{x} \cdot \boldsymbol{y}$ を対応させる写像があって，上記の条件 (1)–(5) を満たす場合も内積と呼ぶ。例えば，$\boldsymbol{x}, \boldsymbol{y} \in \mathbb{K}^n$ に対して，
$$x_1\overline{y_1} + 2x_2\overline{y_2} + \cdots + nx_n\overline{y_n} \in \mathbb{K}$$
を $\boldsymbol{x} \cdot \boldsymbol{y}$ としても (1)–(5) を満たす。これらの一般の内積と区別するために，定義 5.1 で与えた内積 $\boldsymbol{x} \cdot \boldsymbol{y} = {}^t\boldsymbol{x}\overline{\boldsymbol{y}}$ を標準内積と呼ぶこともある。本書では，一般の内積については考察しないことにする。

$\boldsymbol{x} \in \mathbb{K}^n$ は，$\boldsymbol{x} \cdot \boldsymbol{x} \geqq 0$ を満たすことから，負でない実数 $\sqrt{\boldsymbol{x} \cdot \boldsymbol{x}}$ が定義される。これはベクトルの長さに相当する量で，ノルムと呼ばれる。

定義 5.2 (ノルム) n 次元ベクトル空間 $\mathbb{K}^n$ のベクトル
$$\boldsymbol{x} = \begin{pmatrix} x_1 \\ x_2 \\ \vdots \\ x_n \end{pmatrix}$$
に対し，$\boldsymbol{x}$ のノルム $\|\boldsymbol{x}\|$ を
$$\|\boldsymbol{x}\| = \sqrt{\boldsymbol{x} \cdot \boldsymbol{x}} = \sqrt{|x_1|^2 + |x_2|^2 + \cdots + |x_n|^2}$$
と定める。

内積の重要な性質として，Schwarz (シュワルツ) の不等式と三角不等式がある。これらの不等式を証明しよう。

定理 5.2 (Schwarz の不等式) n 次元ベクトル空間 $\mathbb{K}^n$ の 2 つのベクトル $\boldsymbol{x}, \boldsymbol{y}$ に対し，
$$|\boldsymbol{x} \cdot \boldsymbol{y}| \leqq \|\boldsymbol{x}\| \|\boldsymbol{y}\|$$
が成り立つ。

証明． $\boldsymbol{y} = \boldsymbol{o}$ のときは，明らかに成り立つ。$\boldsymbol{y} \neq \boldsymbol{o}$ とし，
$$\boldsymbol{z} = \boldsymbol{x} - \frac{\boldsymbol{x} \cdot \boldsymbol{y}}{\|\boldsymbol{y}\|^2}\boldsymbol{y}$$
とおく。このとき，

5.1 正規直交系

$$\begin{aligned}\|\boldsymbol{z}\|^2 &= \boldsymbol{z}\cdot\boldsymbol{z} \\ &= \left(\boldsymbol{x}-\frac{\boldsymbol{x}\cdot\boldsymbol{y}}{\|\boldsymbol{y}\|^2}\boldsymbol{y}\right)\cdot\left(\boldsymbol{x}-\frac{\boldsymbol{x}\cdot\boldsymbol{y}}{\|\boldsymbol{y}\|^2}\boldsymbol{y}\right) \\ &= \|\boldsymbol{x}\|^2 - \frac{|\boldsymbol{x}\cdot\boldsymbol{y}|^2}{\|\boldsymbol{y}\|^2} - \frac{|\boldsymbol{x}\cdot\boldsymbol{y}|^2}{\|\boldsymbol{y}\|^2} + \frac{|\boldsymbol{x}\cdot\boldsymbol{y}|^2}{\|\boldsymbol{y}\|^2} \\ &= \frac{\|\boldsymbol{x}\|^2\|\boldsymbol{y}\|^2 - |\boldsymbol{x}\cdot\boldsymbol{y}|^2}{\|\boldsymbol{y}\|^2}\end{aligned}$$

となるが,$\|\boldsymbol{z}\|^2 \geqq 0$ であるので,

$$|\boldsymbol{x}\cdot\boldsymbol{y}|^2 \leqq \|\boldsymbol{x}\|^2\|\boldsymbol{y}\|^2$$

を得る。 □

定理 5.3 (三角不等式) n 次元ベクトル空間 $\mathbb{K}^n$ の 2 つのベクトル $\boldsymbol{x}$,$\boldsymbol{y}$ に対し,

$$\|\boldsymbol{x}+\boldsymbol{y}\| \leqq \|\boldsymbol{x}\| + \|\boldsymbol{y}\|$$

が成り立つ。

証明. Schwarz の不等式を用いると,

$$\begin{aligned}\|\boldsymbol{x}+\boldsymbol{y}\|^2 &= (\boldsymbol{x}+\boldsymbol{y})\cdot(\boldsymbol{x}+\boldsymbol{y}) \\ &= \|\boldsymbol{x}\|^2 + \boldsymbol{x}\cdot\boldsymbol{y} + \boldsymbol{y}\cdot\boldsymbol{x} + \|\boldsymbol{y}\|^2 \\ &= \|\boldsymbol{x}\|^2 + (\boldsymbol{x}\cdot\boldsymbol{y} + \overline{\boldsymbol{x}\cdot\boldsymbol{y}}) + \|\boldsymbol{y}\|^2 \\ &= \|\boldsymbol{x}\|^2 + 2\operatorname{Re}(\boldsymbol{x}\cdot\boldsymbol{y}) + \|\boldsymbol{y}\|^2 \\ &\leqq \|\boldsymbol{x}\|^2 + 2|\boldsymbol{x}\cdot\boldsymbol{y}| + \|\boldsymbol{y}\|^2 \\ &\leqq \|\boldsymbol{x}\|^2 + 2\|\boldsymbol{x}\|\,\|\boldsymbol{y}\| + \|\boldsymbol{y}\|^2 \\ &= (\|\boldsymbol{x}\| + \|\boldsymbol{y}\|)^2\end{aligned}$$

を得る。 □

次に,n 次元ベクトル空間 $\mathbb{K}^n$ の正規直交系について,定義する。

定義 5.3 (正規直交系) n 次元ベクトル空間 $\mathbb{K}^n$ の $\boldsymbol{o}$ を含まないベクトルの組 $\{\boldsymbol{q}_1, \boldsymbol{q}_2, \cdots, \boldsymbol{q}_s\}$ について,

$$\boldsymbol{q}_i \cdot \boldsymbol{q}_j = 0 \quad (i \neq j)$$

が成り立つとき,$\{\boldsymbol{q}_1, \boldsymbol{q}_2, \cdots, \boldsymbol{q}_s\}$ を**直交系**であるという。また,n 次元ベ

クトル空間 $\mathbb{K}^n$ のベクトルの組 $\{\boldsymbol{p}_1, \boldsymbol{p}_2, \cdots, \boldsymbol{p}_s\}$ について,

$$\boldsymbol{p}_i \cdot \boldsymbol{p}_j = \begin{cases} 1 & (i=j) \\ 0 & (i \neq j) \end{cases}$$

が成り立つとき, $\boldsymbol{p}_1, \boldsymbol{p}_2, \cdots, \boldsymbol{p}_s$ を**正規直交系**であるという.

直交系 $\boldsymbol{q}_1, \boldsymbol{q}_2, \cdots, \boldsymbol{q}_s$ が与えられたとき,

$$\boldsymbol{p}_j = \frac{1}{\|\boldsymbol{q}_j\|} \boldsymbol{q}_j \quad (j \in \{1, 2, \cdots, s\})$$

と定めれば, 正規直交系 $\boldsymbol{p}_1, \boldsymbol{p}_2, \cdots, \boldsymbol{p}_s$ が得られる. ここで, $\|\boldsymbol{p}\| = 1$ なるベクトル $\boldsymbol{p}$ を**単位ベクトル**という. また, $\boldsymbol{o}$ でないベクトル $\boldsymbol{q}$ から $\frac{1}{\|\boldsymbol{q}\|}\boldsymbol{q}$ を作ることを $\boldsymbol{q}$ の**単位ベクトル化**という.

補題 5.1 n 次元ベクトル空間 $\mathbb{K}^n$ の直交系 $\{\boldsymbol{q}_1, \boldsymbol{q}_2, \cdots, \boldsymbol{q}_s\}$ は, 一次独立である.

証明. $\boldsymbol{o} = c_1\boldsymbol{q}_1 + c_2\boldsymbol{q}_2 + \cdots + c_s\boldsymbol{q}_s$ とする. このベクトルと $\boldsymbol{q}_j$ ($j \in \{1, 2, \cdots, s\}$) との内積をとると,

$$0 = (c_1\boldsymbol{q}_1 + c_2\boldsymbol{q}_2 + \cdots + c_s\boldsymbol{q}_s) \cdot \boldsymbol{q}_j = c_j \|\boldsymbol{q}_j\|^2$$

を得る. $\boldsymbol{q}_j \neq \boldsymbol{o}$ としていたから, $c_j = 0$ ($j \in \{1, 2, \cdots, s\}$) を得る. □

上記の補題から, 直交系 $\{\boldsymbol{q}_1, \boldsymbol{q}_2, \cdots, \boldsymbol{q}_s\}$ が $\mathbb{K}^n$ の基底となるのは, $s = n$ のとき, そのときに限る.

定義 5.4 (正規直交基底) n 次元ベクトル空間 $\mathbb{K}^n$ の基底 $\{\boldsymbol{q}_1, \boldsymbol{q}_2, \cdots, \boldsymbol{q}_n\}$ が直交系であるとき, **直交基底**という. また, n 次元ベクトル空間 $\mathbb{K}^n$ の基底 $\{\boldsymbol{p}_1, \boldsymbol{p}_2, \cdots, \boldsymbol{p}_n\}$ が正規直交系であるとき, **正規直交基底**という.

例 5.1 $\mathbb{R}^3$ のベクトルの組

$$\frac{1}{3}\begin{pmatrix} -1 \\ 2 \\ 2 \end{pmatrix}, \quad \frac{1}{3}\begin{pmatrix} 2 \\ -1 \\ 2 \end{pmatrix}, \quad \frac{1}{3}\begin{pmatrix} 2 \\ 2 \\ -1 \end{pmatrix}$$

は, 正規直交基底である.

また, $\mathbb{C}^3$ のベクトルの組

5.1 正規直交系

$$\frac{1}{\sqrt{3}}\begin{pmatrix}1\\1\\1\end{pmatrix},\ \frac{1}{\sqrt{3}}\begin{pmatrix}1\\\omega\\\omega^2\end{pmatrix},\ \frac{1}{\sqrt{3}}\begin{pmatrix}1\\\omega^2\\\omega\end{pmatrix}\ \left(\omega=\cos\frac{2\pi}{3}+i\sin\frac{2\pi}{3}\right)$$

は，正規直交基底である．

問 5.2 上の例について，正規直交基底であることを確かめよ．

ここで，正規直交基底と行列との関係性について，述べておこう．

補題 5.2 以下が成立する．

(1) n 次複素正方行列 $P=(\boldsymbol{p}_1,\boldsymbol{p}_2,\cdots,\boldsymbol{p}_n)$ に対し，P がユニタリ行列であることと，$\boldsymbol{p}_1,\boldsymbol{p}_2,\cdots,\boldsymbol{p}_n$ が $\mathbb{C}^n$ の正規直交基底であることは同値である．

(2) n 次実正方行列 $P=(\boldsymbol{p}_1,\boldsymbol{p}_2,\cdots,\boldsymbol{p}_n)$ に対し，P が直交行列であることと，$\boldsymbol{p}_1,\boldsymbol{p}_2,\cdots,\boldsymbol{p}_n$ が $\mathbb{R}^n$ の正規直交基底であることは同値である．

証明．
$$\begin{aligned}P\text{ がユニタリ行列}&\iff P^*P=E\\&\iff {}^tP\overline{P}=E\\&\iff \boldsymbol{p}_i\cdot\boldsymbol{p}_j={}^t\boldsymbol{p}_i\overline{\boldsymbol{p}_j}=\begin{cases}1&(i=j),\\0&(i\neq j)\end{cases}\\&\iff \{\boldsymbol{p}_1,\boldsymbol{p}_2,\cdots,\boldsymbol{p}_n\}\text{ は正規直交基底}\end{aligned}$$

であるので，(1) が示された．(2) も同様である．あるいは，直交行列は成分が全て実数のユニタリ行列であることを用いると，(2) は (1) より直ちに得られる． □

例 5.2 4 次正方行列

$$\frac{1}{2}\begin{pmatrix}1&1&1&1\\1&i&-1&-i\\1&-1&1&-1\\1&-i&-1&i\end{pmatrix}$$

は，ユニタリ行列である．

また，実数 q_1, q_2, q_3, q_4 が
$$q_1^2 + q_2^2 + q_3^2 + q_4^2 = 1$$
を満たすとき，4 次正方行列
$$\begin{pmatrix} q_1 & -q_4 & -q_3 & q_2 \\ q_2 & q_3 & -q_4 & -q_1 \\ q_3 & -q_2 & q_1 & -q_4 \\ q_4 & q_1 & q_2 & q_3 \end{pmatrix}$$
は，直交行列である。

問 5.3 上の例について，それぞれユニタリ行列，直行行列であることを確かめよ。

この節の最後は，基底から正規直交基底を作る方法を述べよう。$\{b_1, b_2, \cdots, b_n\}$ は $\mathbb{K}^n$ の基底とする。このとき，$q_1, q_2, \cdots, q_n$ を
$$\begin{cases} q_1 = b_1, \\ q_2 = b_2 - \dfrac{b_2 \cdot q_1}{\|q_1\|^2} q_1, \\ \quad \vdots \\ q_j = b_j - \displaystyle\sum_{i=1}^{j-1} \dfrac{b_j \cdot q_i}{\|q_i\|^2} q_i, \\ \quad \vdots \\ q_n = b_n - \displaystyle\sum_{i=1}^{n-1} \dfrac{b_n \cdot q_i}{\|q_i\|^2} q_i \end{cases}$$
によって定める。このとき，$\{q_1, q_2, \cdots, q_n\}$ は直交基底となる。そこで，
$$p_j = \frac{1}{\|q_j\|} q_j \ (j \in \{1, 2, \cdots, n\})$$
とおくと，$\{p_1, p_2, \cdots, p_n\}$ は正規直交基底となる。

このようなやり方で，基底から正規直交基底を作る方法を **Schmidt** (シュミット) の **直交化法** という。

5.1 正規直交系

例 5.3 $\mathbb{R}^3$ の基底

$$\boldsymbol{b}_1 = \begin{pmatrix} 1 \\ 1 \\ 1 \end{pmatrix}, \quad \boldsymbol{b}_2 = \begin{pmatrix} -1 \\ 2 \\ 2 \end{pmatrix}, \quad \boldsymbol{b}_3 = \begin{pmatrix} 1 \\ 1 \\ 2 \end{pmatrix}$$

から，Schmidt の直交化法により，正規直交基底を作ることを考える．まず，

$$\begin{cases} \boldsymbol{q}_1 = \boldsymbol{b}_1 = \begin{pmatrix} 1 \\ 1 \\ 1 \end{pmatrix}, \\ \boldsymbol{q}_2 = \boldsymbol{b}_2 - \dfrac{\boldsymbol{b}_2 \cdot \boldsymbol{q}_1}{\|\boldsymbol{q}_1\|^2} \boldsymbol{q}_1 = \begin{pmatrix} -1 \\ 2 \\ 2 \end{pmatrix} - \dfrac{3}{3} \begin{pmatrix} 1 \\ 1 \\ 1 \end{pmatrix} = \begin{pmatrix} -2 \\ 1 \\ 1 \end{pmatrix}, \\ \boldsymbol{q}_3 = \boldsymbol{b}_3 - \dfrac{\boldsymbol{b}_3 \cdot \boldsymbol{q}_1}{\|\boldsymbol{q}_1\|^2} \boldsymbol{q}_1 - \dfrac{\boldsymbol{b}_3 \cdot \boldsymbol{q}_2}{\|\boldsymbol{q}_2\|^2} \boldsymbol{q}_2 \\ \qquad = \begin{pmatrix} 1 \\ 1 \\ 2 \end{pmatrix} - \dfrac{4}{3} \begin{pmatrix} 1 \\ 1 \\ 1 \end{pmatrix} - \dfrac{1}{6} \begin{pmatrix} -2 \\ 1 \\ 1 \end{pmatrix} = \dfrac{1}{2} \begin{pmatrix} 0 \\ -1 \\ 1 \end{pmatrix} \end{cases}$$

は，直交基底となる．したがって，正規直交基底

$$\begin{cases} \boldsymbol{p}_1 = \dfrac{1}{\|\boldsymbol{q}_1\|} \boldsymbol{q}_1 = \dfrac{1}{\sqrt{3}} \begin{pmatrix} 1 \\ 1 \\ 1 \end{pmatrix}, \\ \boldsymbol{p}_2 = \dfrac{1}{\|\boldsymbol{q}_2\|} \boldsymbol{q}_2 = \dfrac{1}{\sqrt{6}} \begin{pmatrix} -2 \\ 1 \\ 1 \end{pmatrix}, \\ \boldsymbol{p}_3 = \dfrac{1}{\|\boldsymbol{q}_3\|} \boldsymbol{q}_3 = \dfrac{1}{\sqrt{2}} \begin{pmatrix} 0 \\ -1 \\ 1 \end{pmatrix} \end{cases}$$

を得る．

問 5.4 次のそれぞれのベクトルの組を Schmidt の直交化法によって，正規直交化せよ．

(1) $\begin{pmatrix} 1 \\ 1 \\ 1 \end{pmatrix}, \begin{pmatrix} 0 \\ 1 \\ 1 \end{pmatrix}, \begin{pmatrix} 0 \\ 0 \\ 1 \end{pmatrix},$

(2) $\begin{pmatrix} 0 \\ -1 \\ 1 \end{pmatrix}, \begin{pmatrix} 1 \\ 1 \\ 2 \end{pmatrix}, \begin{pmatrix} 3 \\ 2 \\ 1 \end{pmatrix},$

(3) $\begin{pmatrix} -1 \\ 1 \\ 1 \end{pmatrix}, \begin{pmatrix} 2 \\ 1 \\ 0 \end{pmatrix}, \begin{pmatrix} 2 \\ 2 \\ 1 \end{pmatrix},$

(4) $\begin{pmatrix} 1 \\ 1 \\ 1 \\ 1 \end{pmatrix}, \begin{pmatrix} 1 \\ 1 \\ 1 \\ 0 \end{pmatrix}, \begin{pmatrix} 1 \\ 1 \\ 0 \\ 0 \end{pmatrix}, \begin{pmatrix} 1 \\ 0 \\ 0 \\ 0 \end{pmatrix},$

(5) $\begin{pmatrix} 1 \\ 1 \\ 1 \\ 0 \end{pmatrix}, \begin{pmatrix} 1 \\ 1 \\ 1 \\ 1 \end{pmatrix}, \begin{pmatrix} 1 \\ 0 \\ 0 \\ 0 \end{pmatrix}, \begin{pmatrix} 1 \\ 1 \\ 0 \\ 0 \end{pmatrix},$

(6) $\begin{pmatrix} 1 \\ 1 \\ 1 \\ 1 \end{pmatrix}, \begin{pmatrix} 1 \\ 1 \\ 0 \\ 0 \end{pmatrix}, \begin{pmatrix} 1 \\ 1 \\ 1 \\ 0 \end{pmatrix}, \begin{pmatrix} 1 \\ 0 \\ 0 \\ 0 \end{pmatrix}.$

5.2 固有値・固有ベクトル

n 次正方行列 A を

$$A = \begin{pmatrix} a_{11} & a_{12} & \cdots & a_{1n} \\ a_{21} & a_{22} & \cdots & a_{2n} \\ \vdots & \vdots & \ddots & \vdots \\ a_{n1} & a_{n2} & \cdots & a_{nn} \end{pmatrix}$$

とする．この A に対して，λ の多項式を成分とする次の行列

5.2 固有値・固有ベクトル

$$\lambda E - A = \begin{pmatrix} \lambda - a_{11} & -a_{12} & \cdots & -a_{1n} \\ -a_{21} & \lambda - a_{22} & \cdots & -a_{2n} \\ \vdots & \vdots & \ddots & \vdots \\ -a_{n1} & -a_{n2} & \cdots & \lambda - a_{nn} \end{pmatrix}$$

を考える。

定義 5.5 n 次正方行列 A に対し, λ に関する多項式

$$\Phi_A(\lambda) = \det(\lambda E - A) = \det \begin{pmatrix} \lambda - a_{11} & -a_{12} & \cdots & -a_{1n} \\ -a_{21} & \lambda - a_{22} & \cdots & -a_{2n} \\ \vdots & \vdots & \ddots & \vdots \\ -a_{n1} & -a_{n2} & \cdots & \lambda - a_{nn} \end{pmatrix}$$

を A の**固有多項式**という。

例 5.4 2 次正方行列 $A = \begin{pmatrix} a & b \\ c & d \end{pmatrix}$ に対する固有多項式 $\Phi_A(\lambda)$ は,

$$\begin{aligned} \Phi_A(\lambda) &= \det \begin{pmatrix} \lambda - a & -b \\ -c & \lambda - d \end{pmatrix} \\ &= (\lambda - a)(\lambda - d) - (-b)(-c) \\ &= \lambda^2 - (a + d)\lambda + (ad - bc) \end{aligned}$$

である。

固有多項式の係数のいくつかは, A の成分を用いて, 簡単に表すことができる。n 次正方行列 $A = (a_{ij})$ の対角成分の和を $\mathrm{tr}A$ と表し, A の**トレース**と呼ぶ。すなわち, $\mathrm{tr}A$ は,

$$\mathrm{tr}A = a_{11} + a_{22} + \cdots + a_{nn}$$

である。

命題 5.1 n 次正方行列 A の固有多項式 $\Phi_A(\lambda)$ は, n 次多項式であり, λ^n の係数は 1, λ^{n-1} の係数は $-\mathrm{tr}A$, 定数項は $(-1)^n \det A$ である。

証明. $\Phi_A(\lambda)$ が λ の多項式であることは明らかであろう。また, $\lambda E - A$ の成分の中に λ が n 個しか現れないので, 次数は高々 n 次であることもわか

る。λ^n および λ^{n-1} の係数は，$\lambda E - A$ の対角成分の積によって得られる多項式

$$(\lambda - a_{11})(\lambda - a_{22}) \cdots (\lambda - a_{nn})$$

のそれと一致する。したがって，λ^n の係数は 1，λ^{n-1} の係数は $-\mathrm{tr}A$ であることがわかる。定数項は $\Phi_A(0)$ で与えられるので，

$$\Phi_A(0) = \det(-A) = (-1)^n \det A$$

を得る。 □

定義 5.6 (固有値) n 次正方行列 A の固有多項式を $\Phi_A(\lambda)$ とするとき，

$$\Phi_A(\lambda) = 0$$

の解を A の**固有値**という。

例 5.5 4 次正方行列

$$A = \begin{pmatrix} 0 & 1 & 0 & 0 \\ 0 & 0 & 1 & 0 \\ 0 & 0 & 0 & 1 \\ 1 & 0 & 0 & 0 \end{pmatrix}$$

の固有多項式および固有値を求める。固有多項式は，

$$\begin{aligned}
\Phi_A(\lambda) &= \det \begin{pmatrix} \lambda & -1 & 0 & 0 \\ 0 & \lambda & -1 & 0 \\ 0 & 0 & \lambda & -1 \\ -1 & 0 & 0 & \lambda \end{pmatrix} \\
&= \lambda^4 - 1 \\
&= (\lambda - 1)(\lambda + 1)(\lambda^2 + 1) \\
&= (\lambda - 1)(\lambda + 1)(\lambda - i)(\lambda + i)
\end{aligned}$$

である。したがって，A の固有値は，$\pm 1, \pm i$ である。

第 4 章までは，スカラーを実数と複素数に区別せずに扱ってきた。しかし，複素数には代数学の基本定理と呼ばれる重要な定理があり，実数と比べて非常に優れた性質を有している。

5.2 固有値・固有ベクトル

定理 5.4 (代数学の基本定理) n 次多項式
$$f(\lambda) = a_0 \lambda^n + a_1 \lambda^{n-1} + \cdots + a_{n-1} \lambda + a_n$$
$$(a_0, a_1, \cdots a_n \in \mathbb{C},\ a_0 \neq 0,\ n \in \mathbb{N})$$
に対し，$f(\lambda) = 0$ の解は，$\mathbb{C}$ 内に重複度を込めてちょうど n 個存在する．すなわち，解を β_1 (重複度 n_1), β_2 (重複度 n_2), $\cdots$, β_s (重複度 n_s) とすると，f は，
$$f(\lambda) = a_0 (\lambda - \beta_1)^{n_1} (\lambda - \beta_2)^{n_2} \cdots (\lambda - \beta_s)^{n_s}$$
$$(n_1 + n_2 + \cdots + n_s = n)$$
と因数分解することができる．

この定理を証明するためには，代数学の高度な結果を用いるため，証明は割愛させていただく．上記の定理により，$\Phi_A(\lambda) = 0$ の解，すなわち n 次正方行列 A の固有値は，複素数の中に重複度も込めてちょうど n 個あることがわかる．さきほどの例をもう一度振り返ると，4 次正方行列 A の固有多項式は，
$$\Phi_A(\lambda) = \lambda^4 - 1$$
$$= (\lambda - 1)(\lambda + 1)(\lambda^2 + 1)$$
$$= (\lambda - 1)(\lambda + 1)(\lambda - i)(\lambda + i)$$
であったが，実数の範囲で考えると，固有値は ± 1 の 2 個しか得られない．しかし，複素数の範囲で考えると，固有値は $\pm 1, \pm i$ の 4 個，すなわち行列の次数の分だけあることになる．このことから，固有値を考えるときは，複素数の範囲で考えることにする．

定義 5.7 (固有空間・固有ベクトル) α を n 次正方行列 A の固有値とする．$\mathbb{C}^n$ の部分空間
$$V_\alpha = \{ \boldsymbol{x} \in \mathbb{C}^n \mid A\boldsymbol{x} = \alpha \boldsymbol{x} \}$$
を A の固有値 α に対する**固有空間**という．また，$\boldsymbol{o}$ 以外の V_α の元を A の固有値 α に対する**固有ベクトル**という．言い換えると，固有値 α に対する固有ベクトル $\boldsymbol{x}$ とは，
$$A\boldsymbol{x} = \alpha \boldsymbol{x}\ (\boldsymbol{x} \neq \boldsymbol{o})$$
を満たすような $\mathbb{C}^n$ のベクトルのことである．

注意 5.3 α を n 次正方行列 A の固有値とする。このとき,
$$\Phi_A(\alpha) = \det(\alpha E - A) = 0$$
より, $\operatorname{rank}(\alpha E - A) \leqq n - 1$ を得る。第 3, 4 章の結果から, 連立 1 次方程式
$$(\alpha E - A)\boldsymbol{x} = \boldsymbol{o} \ (\Longleftrightarrow A\boldsymbol{x} = \alpha\boldsymbol{x})$$
の解空間 V_α は $\mathbb{C}^n$ の部分空間で, $\dim V_\alpha \geqq 1$ を満たす。したがって, V_α は, $\boldsymbol{o}$ 以外の元を含み, 固有値に対する固有ベクトルは必ず存在することがわかる。

例 5.6 行列
$$A = \begin{pmatrix} 1 & 2 & -4 \\ 1 & 2 & 2 \\ 1 & -1 & 5 \end{pmatrix}$$
を考える。A の固有多項式は,
$$\Phi_A(\lambda) = \det \begin{pmatrix} \lambda - 1 & -2 & 4 \\ -1 & \lambda - 2 & -2 \\ -1 & 1 & \lambda - 5 \end{pmatrix} = (\lambda - 2)(\lambda - 3)^2$$
これより, A の固有値は 2 (重複度 1), 3 (重複度 2) である。

固有値 $\alpha = 2$ に対する固有空間と固有ベクトルを求めよう。連立 1 次方程式
$$(2E - A)\boldsymbol{x} = \boldsymbol{o} \ (\Longleftrightarrow A\boldsymbol{x} = 2\boldsymbol{x})$$
すなわち,
$$\begin{pmatrix} 1 & -2 & 4 \\ -1 & 0 & -2 \\ -1 & 1 & -3 \end{pmatrix} \begin{pmatrix} x_1 \\ x_2 \\ x_3 \end{pmatrix} = \begin{pmatrix} 0 \\ 0 \\ 0 \end{pmatrix}$$
を解くと,
$$\begin{pmatrix} x_1 \\ x_2 \\ x_3 \end{pmatrix} = s \begin{pmatrix} -2 \\ 1 \\ 1 \end{pmatrix} \ (s \in \mathbb{C})$$
を得る。したがって, 固有空間 V_α は,
$$V_\alpha = \left\{ s \begin{pmatrix} -2 \\ 1 \\ 1 \end{pmatrix} \middle| s \in \mathbb{C} \right\}$$

5.2 固有値・固有ベクトル

であり，固有ベクトルは，

$$s \begin{pmatrix} -2 \\ 1 \\ 1 \end{pmatrix} \quad (s \neq 0)$$

である。

次に，固有値 $\beta = 3$ に対する固有空間と固有ベクトルを求めよう。連立 1 次方程式

$$(3E - A)\boldsymbol{y} = \boldsymbol{o} \quad (\Longleftrightarrow A\boldsymbol{y} = 3\boldsymbol{y})$$

すなわち，

$$\begin{pmatrix} 2 & -2 & 4 \\ -1 & 1 & -2 \\ -1 & 1 & -2 \end{pmatrix} \begin{pmatrix} y_1 \\ y_2 \\ y_3 \end{pmatrix} = \begin{pmatrix} 0 \\ 0 \\ 0 \end{pmatrix}$$

を解くことにより，固有空間 V_β は，

$$V_\beta = \left\{ t_1 \begin{pmatrix} 1 \\ 1 \\ 0 \end{pmatrix} + t_2 \begin{pmatrix} -2 \\ 0 \\ 1 \end{pmatrix} \middle| t_1, t_2 \in \mathbb{C} \right\}$$

を得る。したがって，固有ベクトルは，

$$t_1 \begin{pmatrix} 1 \\ 1 \\ 0 \end{pmatrix} + t_2 \begin{pmatrix} -2 \\ 0 \\ 1 \end{pmatrix} \quad ((t_1, t_2) \neq (0, 0))$$

である。

ここで，ひとつ補足しておこう。慣習として，固有ベクトルを答える際は，固有空間の基底を一組あげればよいことになっている。つまり，固有値 2, 3 に対する固有ベクトルは

$$\begin{pmatrix} -2 \\ 1 \\ 1 \end{pmatrix}, \ \begin{pmatrix} 1 \\ 1 \\ 0 \end{pmatrix} \ と \ \begin{pmatrix} -2 \\ 0 \\ 1 \end{pmatrix}$$

と解答してよい。以後は，その慣習に従うことにする。

問 5.5 行列 $A = \begin{pmatrix} 1 & 2 & -2 \\ -7 & 1 & 7 \\ -7 & 2 & 6 \end{pmatrix}$ について，次に答えよ．

(1) A の固有値をすべて求めよ．
(2) A の最小固有値に属する固有ベクトルを求めよ．

5.3 行列の対角化

前節の例について，もう少し考えてみよう．行列

$$A = \begin{pmatrix} 1 & 2 & -4 \\ 1 & 2 & 2 \\ 1 & -1 & 5 \end{pmatrix}$$

の固有値 $\alpha = 2$ に対する固有ベクトル $\boldsymbol{x} = \begin{pmatrix} -2 \\ 1 \\ 1 \end{pmatrix}$ と固有値 $\beta = 3$ に対する固有ベクトル $\boldsymbol{y}_1 = \begin{pmatrix} 1 \\ 1 \\ 0 \end{pmatrix}$ と $\boldsymbol{y}_2 = \begin{pmatrix} -2 \\ 0 \\ 1 \end{pmatrix}$ を合わせると，$\mathbb{C}^3$ の基底になっている．

$$A \begin{pmatrix} -2 \\ 1 \\ 1 \end{pmatrix} = 2 \begin{pmatrix} -2 \\ 1 \\ 1 \end{pmatrix} = 2 \begin{pmatrix} -2 \\ 1 \\ 1 \end{pmatrix} + 0 \begin{pmatrix} 1 \\ 1 \\ 0 \end{pmatrix} + 0 \begin{pmatrix} -2 \\ 0 \\ 1 \end{pmatrix},$$

$$A \begin{pmatrix} 1 \\ 1 \\ 0 \end{pmatrix} = 3 \begin{pmatrix} 1 \\ 1 \\ 0 \end{pmatrix} = 0 \begin{pmatrix} -2 \\ 1 \\ 1 \end{pmatrix} + 3 \begin{pmatrix} 1 \\ 1 \\ 0 \end{pmatrix} + 0 \begin{pmatrix} -2 \\ 0 \\ 1 \end{pmatrix},$$

$$A \begin{pmatrix} -2 \\ 0 \\ 1 \end{pmatrix} = 3 \begin{pmatrix} -2 \\ 0 \\ 1 \end{pmatrix} = 0 \begin{pmatrix} -2 \\ 1 \\ 1 \end{pmatrix} + 0 \begin{pmatrix} 1 \\ 1 \\ 0 \end{pmatrix} + 3 \begin{pmatrix} -2 \\ 0 \\ 1 \end{pmatrix}$$

を横に並べて，行列の等式にすると，

5.3 行列の対角化

$$A \begin{pmatrix} -2 & 1 & -2 \\ 1 & 1 & 0 \\ 1 & 0 & 1 \end{pmatrix} = \begin{pmatrix} -2 & 1 & -2 \\ 1 & 1 & 0 \\ 1 & 0 & 1 \end{pmatrix} \begin{pmatrix} 2 & 0 & 0 \\ 0 & 3 & 0 \\ 0 & 0 & 3 \end{pmatrix}$$

となる．ここで，

$$P = (\boldsymbol{x},\ \boldsymbol{y}_1,\ \boldsymbol{y}_2) = \begin{pmatrix} -2 & 1 & -2 \\ 1 & 1 & 0 \\ 1 & 0 & 1 \end{pmatrix}$$

とおくと，P は正則で，

$$P^{-1}AP = \begin{pmatrix} 2 & 0 & 0 \\ 0 & 3 & 0 \\ 0 & 0 & 3 \end{pmatrix} = \begin{pmatrix} \alpha & 0 & 0 \\ 0 & \beta & 0 \\ 0 & 0 & \beta \end{pmatrix}$$

を得る．このような行列の変形を行列の対角化という．

定義 5.8 (行列の対角化) A を n 次正方行列とする．ある n 次正則行列 P が存在して，$P^{-1}AP$ が対角行列，すなわち，

$$P^{-1}AP = \begin{pmatrix} \alpha_1 & & & O \\ & \alpha_2 & & \\ & & \ddots & \\ O & & & \alpha_n \end{pmatrix}$$

となるとき，行列 A は**対角化可能**であるという．また，対角化可能な行列 A を正則行列 P によって，上記の形にすることを行列 A の**対角化**という．

命題 5.2 n 次正方行列 A の対角化が

$$P^{-1}AP = \begin{pmatrix} \alpha_1 & & & O \\ & \alpha_2 & & \\ & & \ddots & \\ O & & & \alpha_n \end{pmatrix}$$

で与えられたとする．このとき，行列 A の固有多項式は，

$$\Phi_A(\lambda) = (\lambda - \alpha_1)(\lambda - \alpha_2) \cdots (\lambda - \alpha_n)$$

である．したがって，$\alpha_1,\ \alpha_2,\ \cdots,\ \alpha_n$ は A の固有値である．

証明.
$$\Phi_{P^{-1}AP}(\lambda) = \det \begin{pmatrix} \lambda - \alpha_1 & & & O \\ & \lambda - \alpha_2 & & \\ & & \ddots & \\ O & & & \lambda - \alpha_n \end{pmatrix}$$
$$= (\lambda - \alpha_1)(\lambda - \alpha_2)\cdots(\lambda - \alpha_n)$$

である。一方,
$$\lambda E - P^{-1}AP = P^{-1}(\lambda E - A)P$$
が成り立つので,
$$\begin{aligned}\Phi_{P^{-1}AP}(\lambda) &= \det(\lambda E - P^{-1}AP) \\ &= \det(P^{-1}(\lambda E - A)P) \\ &= \det(P^{-1})\det(\lambda E - A)\det P \\ &= \det(\lambda E - A) \\ &= \Phi_A(\lambda)\end{aligned}$$
となる。 □

命題 5.3 対角化可能な n 次正方行列 A が正則行列 P と Q によって,
$$P^{-1}AP = \begin{pmatrix} \alpha_1 & & & O \\ & \alpha_2 & & \\ & & \ddots & \\ O & & & \alpha_n \end{pmatrix}$$
と
$$Q^{-1}AQ = \begin{pmatrix} \beta_1 & & & O \\ & \beta_2 & & \\ & & \ddots & \\ O & & & \beta_n \end{pmatrix}$$
の二通りに対角化されたとする。このとき, $\beta_1, \beta_2, \cdots, \beta_n$ は, $\alpha_1, \alpha_2, \cdots, \alpha_n$ の順序を入れ換えたものである。

証明. 先ほどの命題から

5.3 行列の対角化

$$\Phi_A(\lambda) = \Phi_{P^{-1}AP}(\lambda) = (\lambda - \alpha_1)(\lambda - \alpha_2)\cdots(\lambda - \alpha_n),$$
$$\Phi_A(\lambda) = \Phi_{Q^{-1}AQ}(\lambda) = (\lambda - \beta_1)(\lambda - \beta_2)\cdots(\lambda - \beta_n)$$

が成り立つので，$\beta_1, \beta_2, \cdots, \beta_n$ は，$\alpha_1, \alpha_2, \cdots, \alpha_n$ の順序を入れ換えたものである。 □

ここから，正方行列の対角化可能性について，考えることにしよう。一般に 2 次以上の正方行列は対角化可能であるとは限らない。その例をひとつあげることにしよう。

例 5.7 n 次正方行列

$$J = \begin{pmatrix} \alpha & 1 & & & O \\ & \alpha & \ddots & & \\ & & \ddots & \ddots & \\ & & & \alpha & 1 \\ O & & & & \alpha \end{pmatrix}$$

は，$n \geqq 2$ のとき対角化可能でない。なぜなら，J の固有多項式は

$$\Phi_J(\lambda) = (\lambda - \alpha)^n$$

であり，固有値は α (重複度 n) である。よって，J が対角化可能であると仮定すると，正則行列 P が存在して，

$$P^{-1}JP = \begin{pmatrix} \alpha & & & O \\ & \alpha & & \\ & & \ddots & \\ O & & & \alpha \end{pmatrix} = \alpha E$$

となる。したがって，

$$J = P(\alpha E)P^{-1} = \alpha E$$

となるが，$n \geqq 2$ のとき，$J \neq \alpha E$ ゆえ矛盾する。したがって，J は対角化可能でない。

この例において，$\mathrm{rank}(\alpha E - J) = n - 1$ であるから，固有値 α に対する固有空間 V_α は，$\dim V_\alpha = 1$ を満たす。実は，$\dim V_\alpha$ が，固有値 α の重複度 n と等しくないことが J が対角化できない理由であることが，後述の定理

によってわかる。

正方行列の対角化可能性の必要十分条件を与える定理を証明するために，ひとつ補題を証明しておこう。

補題 5.3 n 次正方行列 A の相異なる固有値を $\beta_1, \beta_2, \cdots, \beta_s$ とする。$j = 1, 2, \cdots, s$ に対し，固有値 β_j に対する固有空間を V_j とし，$\boldsymbol{p}_j \in V_j$ とする。このとき，
$$\boldsymbol{p}_1 + \boldsymbol{p}_2 + \cdots + \boldsymbol{p}_s = \boldsymbol{o}$$
であるならば，
$$\boldsymbol{p}_1 = \boldsymbol{p}_2 = \cdots = \boldsymbol{p}_s = \boldsymbol{o}$$
が成り立つ。また，$\boldsymbol{p}_j$ が固有値 β_j に対する固有ベクトル $(j = 1, 2, \cdots, s)$ であるならば，$\boldsymbol{p}_1, \boldsymbol{p}_2, \cdots, \boldsymbol{p}_s$ は一次独立である。

証明． 等式
$$\boldsymbol{o} = \boldsymbol{p}_1 + \boldsymbol{p}_2 + \cdots + \boldsymbol{p}_s$$
に左から A を乗じると，
$$\begin{aligned}\boldsymbol{o} &= A(\boldsymbol{p}_1 + \boldsymbol{p}_2 + \cdots + \boldsymbol{p}_s) \\ &= \beta_1 \boldsymbol{p}_1 + \beta_2 \boldsymbol{p}_2 + \cdots + \beta_s \boldsymbol{p}_s\end{aligned}$$
となる。再び，左から A を乗じると
$$\begin{aligned}\boldsymbol{o} &= A(\beta_1 \boldsymbol{p}_1 + \beta_2 \boldsymbol{p}_2 + \cdots + \beta_s \boldsymbol{p}_s) \\ &= \beta_1^2 \boldsymbol{p}_1 + \beta_2^2 \boldsymbol{p}_2 + \cdots + \beta_s^2 \boldsymbol{p}_s\end{aligned}$$
となる。以下，同様にして，
$$\boldsymbol{o} = \beta_1^k \boldsymbol{p}_1 + \beta_2^k \boldsymbol{p}_2 + \cdots + \beta_s^k \boldsymbol{p}_s$$
$$(k = 0, 1, \cdots, s-1)$$
を得る。これを行列の形にまとめると，
$$O = (\boldsymbol{p}_1, \boldsymbol{p}_2, \cdots, \boldsymbol{p}_s) \begin{pmatrix} 1 & \beta_1 & \cdots & \beta_1^{s-1} \\ 1 & \beta_2 & \cdots & \beta_2^{s-1} \\ \vdots & \vdots & \ddots & \vdots \\ 1 & \beta_s & \cdots & \beta_s^{s-1} \end{pmatrix}$$
となるが，行列

5.3 行列の対角化

$$Q = \begin{pmatrix} 1 & \beta_1 & \cdots & \beta_1^{s-1} \\ 1 & \beta_2 & \cdots & \beta_2^{s-1} \\ \vdots & \vdots & \ddots & \vdots \\ 1 & \beta_s & \cdots & \beta_s^{s-1} \end{pmatrix}$$

は，Vandermonde の行列 (の転置行列) ゆえ，行列式は，

$$\det Q = \prod_{i<j}(\beta_j - \beta_i) \neq 0$$

で与えられ，Q は s 次正則行列であることがわかる。したがって，

$$O = (\boldsymbol{p}_1, \boldsymbol{p}_2, \cdots, \boldsymbol{p}_s)Q$$

に右から Q^{-1} を乗じて，

$$O = (\boldsymbol{p}_1, \boldsymbol{p}_2, \cdots, \boldsymbol{p}_s)$$

を得る。すなわち，

$$\boldsymbol{p}_1 = \boldsymbol{p}_2 = \cdots = \boldsymbol{p}_s = \boldsymbol{o}$$

が示された。

定理の主張の後半は，前半の結果より簡単に導かれる。 □

次の定理は，正方行列が対角化可能であるための必要十分条件を与える。

定理 5.5 (行列の対角化可能性) n 次正方行列 A に対し，次の 3 条件は同値である。

(a) A は対角化可能である。

(b) A の固有ベクトルからなる $\mathbb{C}^n$ の基底が存在する。

(c) A の固有値を $\beta_1, \beta_2, \cdots, \beta_s$ (β_j の重複度は n_j とする) とすると，$j = 1, 2, \cdots, s$ に対し，β_j に対する固有空間 V_j は，

$$\dim V_j = n_j$$

を満たす。

証明. ((b) $\Rightarrow$ (a)) A の固有ベクトルからなる $\mathbb{C}^n$ の基底を

$$\{\boldsymbol{p}_1, \boldsymbol{p}_2, \cdots, \boldsymbol{p}_n\}$$

とし，$\boldsymbol{p}_i$ は固有値 α_i に対する固有ベクトル ($i = 1, 2, \cdots, n$) とする。

$$P = (\boldsymbol{p}_1, \boldsymbol{p}_2, \cdots, \boldsymbol{p}_n)$$

とおくと，P は正則行列となる。
$$A\boldsymbol{p}_i = \alpha_i \boldsymbol{p}_i \quad (i = 1, 2, \cdots, n)$$
を横に並べて，行列の等式にすると，
$$AP = P \begin{pmatrix} \alpha_1 & & & O \\ & \alpha_2 & & \\ & & \ddots & \\ O & & & \alpha_n \end{pmatrix}$$
となるから，
$$P^{-1}AP = \begin{pmatrix} \alpha_1 & & & O \\ & \alpha_2 & & \\ & & \ddots & \\ O & & & \alpha_n \end{pmatrix}$$
を得る。

((a) $\Rightarrow$ (c)) A が正則行列 P によって対角化されたとすると，
$$P^{-1}AP = \begin{pmatrix} \alpha_1 & & & O \\ & \alpha_2 & & \\ & & \ddots & \\ O & & & \alpha_n \end{pmatrix}$$
の形になる。ここで，$\alpha_1, \alpha_2, \cdots, \alpha_n$ は，β_1 が n_1 個，β_2 が n_2 個，$\cdots$，β_s が n_s 個からなる。

$$\begin{aligned}\operatorname{rank}(\beta_j E - A) &= \operatorname{rank}(P^{-1}(\beta_j E - A)P) \\ &= \operatorname{rank}(\beta_j E - P^{-1}AP) \\ &= \operatorname{rank} \begin{pmatrix} \beta_j - \alpha_1 & & & O \\ & \beta_j - \alpha_2 & & \\ & & \ddots & \\ O & & & \beta_j - \alpha_n \end{pmatrix} \\ &= n - n_j\end{aligned}$$

であるので，連立 1 次方程式
$$(\beta_j E - A)\boldsymbol{x} = \boldsymbol{o}$$

5.3 行列の対角化

の解空間 V_j は，
$$\dim V_j = n - (n - n_j) = n_j$$
を満たす。

((c) $\Rightarrow$ (b)) A の固有値を β_1 (重複度 n_1), β_2 (重複度 n_2), $\cdots$, β_s (重複度 n_s) とする。各 $j \in \{1, 2, \cdots, s\}$ に対し，
$$\dim V_j = n_j$$
であるから，基底 $\{\boldsymbol{p}_{j,1}, \boldsymbol{p}_{j,2}, \cdots, \boldsymbol{p}_{j,n_j}\}$ を選ぶことができる。それらのベクトルをすべて合わせると，
$$\boldsymbol{p}_{1,1}, \boldsymbol{p}_{1,2}, \cdots, \boldsymbol{p}_{1,n_1}, \boldsymbol{p}_{2,1}, \boldsymbol{p}_{2,2}, \cdots, \boldsymbol{p}_{2,n_2}, \cdots, \boldsymbol{p}_{s,1}, \boldsymbol{p}_{s,2}, \cdots, \boldsymbol{p}_{s,n_s}$$
という $n_1 + n_2 + \cdots + n_s = n$ 個のベクトルを得る。それらの 1 次結合について，
$$\begin{aligned} &c_{1,1}\boldsymbol{p}_{1,1} + c_{1,2}\boldsymbol{p}_{1,2} + \cdots + c_{1,n_1}\boldsymbol{p}_{1,n_1} + c_{2,1}\boldsymbol{p}_{2,1} + c_{2,2}\boldsymbol{p}_{2,2} + \cdots \\ &+ c_{2,n_2}\boldsymbol{p}_{2,n_2} + \cdots + c_{s,1}\boldsymbol{p}_{s,1} + c_{s,2}\boldsymbol{p}_{s,2} + \cdots + c_{s,n_s}\boldsymbol{p}_{s,n_s} \\ &= \boldsymbol{o} \end{aligned}$$
とする。$j \in \{1, 2, \cdots, s\}$ に対し，
$$c_{j,1}\boldsymbol{p}_{j,1} + c_{j,2}\boldsymbol{p}_{j,2} + \cdots + c_{j,n_j}\boldsymbol{p}_{j,n_j} \in V_j$$
であることから，補題 5.3 より，
$$c_{j,1}\boldsymbol{p}_{j,1} + c_{j,2}\boldsymbol{p}_{j,2} + \cdots + c_{j,n_j}\boldsymbol{p}_{j,n_j} = \boldsymbol{o}$$
を得る。ここで，$\boldsymbol{p}_{j,1}, \boldsymbol{p}_{j,2}, \cdots, \boldsymbol{p}_{j,n_j}$ は，V_j の基底であったので，
$$c_{j,1} = c_{j,2} = \cdots = c_{j,n_j} = 0$$
すなわち，n 個のベクトルは 1 次独立であることが示され，$\mathbb{C}^n$ の基底となる。 □

系 5.1 n 次正方行列 A が相異なる n 個の固有値をもつならば，A は対角化可能である。

証明． A の各固有値から固有ベクトルをひとつずつ選ぶ。それら n 個の固有ベクトルは，補題 5.3 より 1 次独立であることがわかるので，$\mathbb{C}^n$ の基底となる。したがって，定理の条件 (b) が満たされ，A は対角化可能であることがわかる。 □

例 5.8 行列 $A = \begin{pmatrix} 1 & 1 & 2 \\ 0 & 2 & 2 \\ -1 & 1 & 3 \end{pmatrix}$ を考える．A の固有多項式は，$\Phi_A(\lambda) = (\lambda - 1)(\lambda - 2)(\lambda - 3)$ であるので，固有値は $\lambda = 1, 2, 3$ である．固有値が全て相異なるので A は対角化可能である．

固有値 $\lambda = 1$ に対する固有ベクトルは $(E - A)\boldsymbol{x} = \boldsymbol{o}$ を解いて，

$$\begin{pmatrix} 0 \\ -2 \\ 1 \end{pmatrix}$$

となる．

固有値 $\lambda = 2$ に対する固有ベクトルは $(2E - A)\boldsymbol{x} = \boldsymbol{o}$ を解いて，

$$\begin{pmatrix} 1 \\ 1 \\ 0 \end{pmatrix}$$

となる．

固有値 $\lambda = 3$ に対する固有ベクトルは $(A - 3E)\boldsymbol{x} = \boldsymbol{o}$ を解いて，

$$\begin{pmatrix} 2 \\ 2 \\ 1 \end{pmatrix}$$

となる．

$P = \begin{pmatrix} 0 & 1 & 2 \\ -2 & 1 & 2 \\ 1 & 0 & 1 \end{pmatrix}$ とおくと，P は正則行列で，

$$P^{-1}AP = \begin{pmatrix} 1 & 0 & 0 \\ 0 & 2 & 0 \\ 0 & 0 & 3 \end{pmatrix}$$

となる．

問 5.6 次の正方行列の固有多項式を求めよ．また，この行列を対角化するような正則行列をひとつ挙げ，対角化せよ．

(1) $\begin{pmatrix} -2 & -1 \\ 5 & 4 \end{pmatrix}$, (2) $\begin{pmatrix} 3 & -1 \\ 7 & -5 \end{pmatrix}$, (3) $\begin{pmatrix} 0 & 2 & 1 \\ -1 & 3 & 1 \\ 2 & -4 & -1 \end{pmatrix}$,

5.3 行列の対角化　　149

(4) $\begin{pmatrix} 7 & -3 & -7 \\ -1 & 3 & 1 \\ 5 & -3 & -5 \end{pmatrix}$,　(5) $\begin{pmatrix} 2 & 0 & 0 & 1 \\ -2 & 2 & -2 & 0 \\ 3 & 1 & 5 & -1 \\ -2 & 0 & 0 & 5 \end{pmatrix}$.

この節の最後は，対角化可能な行列の中でも，非常に良い性質をもった行列について解説しよう．

定理 5.6 (Hermite 行列の対角化) A を n 次 Hermite 行列とする．このとき，A の固有値はすべて実数であり，ユニタリ行列によって，対角化できる．

証明． 行列の次数 n に関する帰納法で示す．

$n=1$ のときは，明らかである．

$n-1$ 次の Hermite 行列について，定理が成立すると仮定する．n 次 Hermite 行列 A の固有値のひとつを α_1 とし，それに対する固有ベクトルを $\boldsymbol{p}_1$ とする．ここで，$\|\boldsymbol{p}_1\|=1$ としてよい．さらに，Schmidt の直交化法を用いて，新たに $n-1$ 個のベクトルを付け加えて，$\{\boldsymbol{p}_1, \boldsymbol{p}_2, \cdots, \boldsymbol{p}_n\}$ が $\mathbb{C}^n$ の正規直交基底となるように取れる．ユニタリ行列 P_1 を

$$P_1 = (\boldsymbol{p}_1, \boldsymbol{p}_2, \cdots, \boldsymbol{p}_n)$$

とおくと，

$$A\boldsymbol{p}_1 = \alpha_1 \boldsymbol{p}_1$$

より，

$$P_1^{-1}AP_1 = \left(\begin{array}{c|ccc} \alpha_1 & a_2 & \cdots & a_n \\ \hline 0 & & & \\ \vdots & & A_2 & \\ 0 & & & \end{array}\right)$$

となる．ここで，両辺の随伴行列を取ると，

$$(P_1^{-1}AP_1)^* = \left(\begin{array}{c|ccc} \overline{\alpha_1} & 0 & \cdots & 0 \\ \hline \overline{a_2} & & & \\ \vdots & & A_2^* & \\ \overline{a_n} & & & \end{array}\right)$$

となるが，$A^* = A$ より，$(P_1^{-1}AP_1)^* = P_1^{-1}AP_1$ であるから，

$$\begin{pmatrix} \overline{\alpha_1} & 0 & \cdots & 0 \\ \hline \overline{a_2} & & & \\ \vdots & & A_2^* & \\ \overline{a_n} & & & \end{pmatrix} = \begin{pmatrix} \alpha_1 & a_2 & \cdots & a_n \\ \hline 0 & & & \\ \vdots & & A_2 & \\ 0 & & & \end{pmatrix}$$

となる。したがって，α_1 は実数，$a_2 = \cdots = a_n = 0$，A_2 は $n-1$ 次の Hermite 行列となる。帰納法の仮定から，$n-1$ 次のユニタリ行列 P_2 が存在して，

$$P_2^{-1} A_2 P_2 = \begin{pmatrix} \alpha_2 & & O \\ & \ddots & \\ O & & \alpha_n \end{pmatrix}$$

は実行列となる。ここで，

$$P = P_1 \begin{pmatrix} 1 & 0 & \cdots & 0 \\ \hline 0 & & & \\ \vdots & & P_2 & \\ 0 & & & \end{pmatrix}$$

とおくと，P はユニタリ行列で，

$$P^{-1} A P = \begin{pmatrix} \alpha_1 & & & O \\ & \alpha_2 & & \\ & & \ddots & \\ O & & & \alpha_n \end{pmatrix}$$

を満たすことから，n でも成り立つことが得られた。

以上より，帰納法から定理は証明された。 □

定理 5.7 (実対称行列の対角化) A を n 次実対称行列とする。このとき，A の固有値はすべて実数であり，直交行列によって，対角化できる。

この定理は，Hermite 行列の証明と同じようにして証明できる。ただし，スカラーが実数であるようにしなければならないことに注意を払う必要がある。

証明. 行列の次数 n に関する帰納法で示す。

$n = 1$ のときは，明らかである。

5.3 行列の対角化

$n-1$ 次の実対称行列について，定理が成立すると仮定する。n 次実対称行列 A の固有値のひとつを α_1 とする。実対称行列は Hermite 行列であるので，さきほど示した定理から，α_1 は実数である。α_1 に対する固有ベクトルを $\boldsymbol{p}_1$ とするとき，固有値が実数であることから，$\boldsymbol{p}_1$ は実ベクトルに取れる。ここで，$\|\boldsymbol{p}_1\|=1$ としてよい。さらに，Schmidt の直交化法を用いて，新たに $n-1$ 個の実ベクトルを付け加えて，$\boldsymbol{p}_1, \boldsymbol{p}_2, \cdots, \boldsymbol{p}_n$ が $\mathbb{C}^n$ の正規直交基底となるように取れる。直交行列 P_1 を

$$P_1 = (\boldsymbol{p}_1, \boldsymbol{p}_2, \cdots, \boldsymbol{p}_n)$$

とおくと，

$$A\boldsymbol{p}_1 = \alpha_1 \boldsymbol{p}_1$$

より，

$$P_1^{-1} A P_1 = \begin{pmatrix} \alpha_1 & a_2 & \cdots & a_n \\ \hline 0 & & & \\ \vdots & & A_2 & \\ 0 & & & \end{pmatrix}$$

となる。ここで，両辺の転置を取ると，

$${}^t(P_1^{-1} A P_1) = \begin{pmatrix} \alpha_1 & 0 & \cdots & 0 \\ \hline a_2 & & & \\ \vdots & & {}^t A_2 & \\ a_n & & & \end{pmatrix}$$

となるが，${}^t A = A$ より，

$$ {}^t(P_1^{-1} A P_1) = P_1^{-1} A P_1$$

であるから，

$$\begin{pmatrix} \alpha_1 & 0 & \cdots & 0 \\ \hline a_2 & & & \\ \vdots & & {}^t A_2 & \\ a_n & & & \end{pmatrix} = \begin{pmatrix} \alpha_1 & a_2 & \cdots & a_n \\ \hline 0 & & & \\ \vdots & & A_2 & \\ 0 & & & \end{pmatrix}$$

となる。したがって，$a_2 = \cdots = a_n = 0$，A_2 は $n-1$ 次の実対称行列となる。帰納法の仮定から，$n-1$ 次の直交行列 P_2 が存在して，

$$P_2^{-1} A_2 P_2 = \begin{pmatrix} \alpha_2 & & O \\ & \ddots & \\ O & & \alpha_n \end{pmatrix}$$

は実行列となる。ここで,

$$P = P_1 \begin{pmatrix} 1 & 0 & \cdots & 0 \\ \hline 0 & & & \\ \vdots & & P_2 & \\ 0 & & & \end{pmatrix}$$

とおくと, P は直交行列で,

$$P^{-1} A P = \begin{pmatrix} \alpha_1 & & & O \\ & \alpha_2 & & \\ & & \ddots & \\ O & & & \alpha_n \end{pmatrix}$$

を満たすことから, n でも成り立つことが得られた。

以上より, 帰納法から定理は証明された。 □

ここで, 例をひとつあげよう。

例 5.9 実対称行列

$$A = \begin{pmatrix} 3 & 1 & 1 & 1 \\ 1 & 3 & 1 & 1 \\ 1 & 1 & 3 & 1 \\ 1 & 1 & 1 & 3 \end{pmatrix}$$

を考える。A の固有多項式は,

$$\Phi_A(\lambda) = \det \begin{pmatrix} \lambda-3 & -1 & -1 & -1 \\ -1 & \lambda-3 & -1 & -1 \\ -1 & -1 & \lambda-3 & -1 \\ -1 & -1 & -1 & \lambda-3 \end{pmatrix} = (\lambda-6)(\lambda-2)^3$$

となるから, A の固有値は 6 (重複度 1), 2 (重複度 3) である。

固有値 $\alpha = 6$ に対する固有空間を求めると,

5.3 行列の対角化

$$V_\alpha = \left\{ s \begin{pmatrix} 1 \\ 1 \\ 1 \\ 1 \end{pmatrix} \middle| s \in \mathbb{R} \right\}$$

となり，固有ベクトルは次のとおりである．

$$\boldsymbol{x} = \begin{pmatrix} 1 \\ 1 \\ 1 \\ 1 \end{pmatrix}.$$

次に，固有値 $\beta = 2$ に対する固有空間を求めると，

$$V_\beta = \left\{ t_1 \begin{pmatrix} -1 \\ 1 \\ 0 \\ 0 \end{pmatrix} + t_2 \begin{pmatrix} -1 \\ 0 \\ 1 \\ 0 \end{pmatrix} + t_3 \begin{pmatrix} -1 \\ 0 \\ 0 \\ 1 \end{pmatrix} \middle| t_1, t_2, t_3 \in \mathbb{R} \right\}$$

となり，固有ベクトルは次のとおりである．

$$\boldsymbol{y}_1 = \begin{pmatrix} -1 \\ 1 \\ 0 \\ 0 \end{pmatrix}, \quad \boldsymbol{y}_2 = \begin{pmatrix} -1 \\ 0 \\ 1 \\ 0 \end{pmatrix}, \quad \boldsymbol{y}_3 = \begin{pmatrix} -1 \\ 0 \\ 0 \\ 1 \end{pmatrix}.$$

得られた固有ベクトルを集めると，$\mathbb{R}^4$ の基底 $\boldsymbol{x}$, $\boldsymbol{y}_1$, $\boldsymbol{y}_2$, $\boldsymbol{y}_3$ を得る．この基底から，Schmidt の直交化法によって，正規直交基底を求めると，

$$\boldsymbol{p}_1 = \frac{1}{2} \begin{pmatrix} 1 \\ 1 \\ 1 \\ 1 \end{pmatrix}, \qquad \boldsymbol{p}_2 = \frac{1}{\sqrt{2}} \begin{pmatrix} -1 \\ 1 \\ 0 \\ 0 \end{pmatrix},$$

$$\boldsymbol{p}_3 = \frac{1}{\sqrt{6}} \begin{pmatrix} -1 \\ -1 \\ 2 \\ 0 \end{pmatrix}, \quad \boldsymbol{p}_4 = \frac{1}{2\sqrt{3}} \begin{pmatrix} -1 \\ -1 \\ -1 \\ 3 \end{pmatrix}$$

が得られる．それらを合わせて，直交行列を作ると，

$$P = (\boldsymbol{p}_1\ \boldsymbol{p}_2\ \boldsymbol{p}_3\ \boldsymbol{p}_4) = \frac{\sqrt{6}}{12}\begin{pmatrix} \sqrt{6} & -2\sqrt{3} & -2 & -\sqrt{2} \\ \sqrt{6} & 2\sqrt{3} & -2 & -\sqrt{2} \\ \sqrt{6} & 0 & 4 & -\sqrt{2} \\ \sqrt{6} & 0 & 0 & 3\sqrt{2} \end{pmatrix}$$

となる．したがって，実対称行列 A は，直交行列 P によって，

$$P^{-1}AP = \begin{pmatrix} 6 & 0 & 0 & 0 \\ 0 & 2 & 0 & 0 \\ 0 & 0 & 2 & 0 \\ 0 & 0 & 0 & 2 \end{pmatrix} = \begin{pmatrix} \alpha & 0 & 0 & 0 \\ 0 & \beta & 0 & 0 \\ 0 & 0 & \beta & 0 \\ 0 & 0 & 0 & \beta \end{pmatrix}$$

というように対角化される．

この例において，固有値 $\beta = 2$ に対する固有空間 V_β の基底として，

$$\boldsymbol{z}_1 = \begin{pmatrix} 1 \\ 1 \\ -1 \\ -1 \end{pmatrix},\ \boldsymbol{z}_2 = \begin{pmatrix} 1 \\ -1 \\ 1 \\ -1 \end{pmatrix},\ \boldsymbol{z}_3 = \begin{pmatrix} 1 \\ -1 \\ -1 \\ 1 \end{pmatrix}$$

を選ぶこともできる．基底 $\boldsymbol{x}$, $\boldsymbol{z}_1$, $\boldsymbol{z}_2$, $\boldsymbol{z}_3$ から，同様の方法で直交行列を作ると，

$$Q = \frac{1}{2}\begin{pmatrix} 1 & 1 & 1 & 1 \\ 1 & 1 & -1 & -1 \\ 1 & -1 & 1 & -1 \\ 1 & -1 & -1 & 1 \end{pmatrix}$$

となるから，実対称行列 A は，直交行列 Q によっても，

$$Q^{-1}AQ = \begin{pmatrix} \alpha & 0 & 0 & 0 \\ 0 & \beta & 0 & 0 \\ 0 & 0 & \beta & 0 \\ 0 & 0 & 0 & \beta \end{pmatrix}$$

というように対角化される．

問 5.7 次の実対称行列の固有多項式を求めよ．また，この行列を対角化するような直交行列をひとつあげ，対角化せよ．

(1) $\begin{pmatrix} 1 & 1 & 1 \\ 1 & 1 & 1 \\ 1 & 1 & 1 \end{pmatrix}$, (2) $\begin{pmatrix} 2 & -2 & 2 \\ -2 & -1 & -1 \\ 2 & -1 & -1 \end{pmatrix}$, (3) $\begin{pmatrix} 2 & 6 \\ 6 & 7 \end{pmatrix}$,

(4) $\begin{pmatrix} 1 & -1 & 0 & -1 \\ -1 & -2 & 3 & 4 \\ 0 & 3 & -3 & -3 \\ -1 & 4 & -3 & -2 \end{pmatrix}$, (5) $\begin{pmatrix} 0 & 1 & 0 & 1 \\ 1 & 0 & 1 & 0 \\ 0 & 1 & 0 & 1 \\ 1 & 0 & 1 & 0 \end{pmatrix}$.

5.4 対角化の応用

前節では，実対称行列が直交行列で対角化できることを証明したが，この結果は非常に重要で，その応用も多い。この節では，前節の結果を利用して，2次形式の標準形を与えるとともに，2次超曲面の標準形と2次曲線の分類について解説する。

5.4.1 2次形式とその標準形

定義 5.9 (2次形式) n 個の実変数 $x_1, x_2, \cdots, x_n$ に関する2次の項のみからなる実係数多項式 $F(x_1, x_2, \cdots, x_n)$ を **2次形式** という。$F(x_1, x_2, \cdots, x_n)$ は，

$$F(x_1, x_2, \cdots, x_n) = \sum_{i,j=1}^{n} a_{ij} x_i x_j \quad (a_{ji} = a_{ij})$$

の形で表すことができる。実ベクトル

$$\boldsymbol{x} = \begin{pmatrix} x_1 \\ x_2 \\ \vdots \\ x_n \end{pmatrix}$$

と実対称行列 $A = (a_{ij})$ を用いれば，

$$F(x_1, x_2, \cdots, x_n) = {}^t\boldsymbol{x} A \boldsymbol{x}$$

と表すこともできる。ここで，${}^t\boldsymbol{x} A \boldsymbol{x}$ を $A[\boldsymbol{x}]$ と表すことにする。

前節の結果から,次の定理が導かれる。実対称行列 A の固有値 $\alpha_1, \alpha_2, \cdots, \alpha_n$ はすべて実数であったことに注意しておこう。

定理 5.8 (2 次形式の直交標準形) $A[\boldsymbol{x}] = {}^t\boldsymbol{x}A\boldsymbol{x}$ を 2 次形式とする。このとき,適当な直交行列 P が存在して,$\boldsymbol{x} = P\boldsymbol{y}$ と変数変換すれば,
$$A[\boldsymbol{x}] = ({}^tPAP)[\boldsymbol{y}] = \alpha_1 y_1^2 + \alpha_2 y_2^2 + \cdots + \alpha_n y_n^2$$
と表すことができる。ここで,$\alpha_1, \alpha_2, \cdots, \alpha_n$ は,A の固有値である。

上記の表し方を 2 次形式の**直交標準形**という。

証明. 前節の定理より,実対称行列 A は直交行列 P により対角化された。
$$P^{-1}AP = \begin{pmatrix} \alpha_1 & & & O \\ & \alpha_2 & & \\ & & \ddots & \\ O & & & \alpha_n \end{pmatrix}$$

P は直交行列であるので,${}^tP = P^{-1}$ が成り立つ。したがって,
$$\begin{aligned} A[\boldsymbol{x}] &= {}^t\boldsymbol{x}A\boldsymbol{x} \\ &= {}^t(P\boldsymbol{y})A(P\boldsymbol{y}) \\ &= {}^t\boldsymbol{y}({}^tPAP)\boldsymbol{y} \\ &= {}^t\boldsymbol{y}(P^{-1}AP)\boldsymbol{y} \\ &= \alpha_1 y_1^2 + \alpha_2 y_2^2 + \cdots + \alpha_n y_n^2 \end{aligned}$$
となる。 □

上記の定理において,直交行列による変数変換を実正則行列による変数変換に弱めて,2 次形式を標準形にすることを考えると,次の定理になる。

定理 5.9 (Sylvester (シルヴェスター) の慣性の法則) $A[\boldsymbol{x}] = {}^t\boldsymbol{x}A\boldsymbol{x}$ を 2 次形式とする。このとき,適当な実正則行列 Q が存在して,$\boldsymbol{x} = Q\boldsymbol{y}$ と変数変換すれば,
$$A[\boldsymbol{x}] = ({}^tQAQ)[\boldsymbol{y}] = y_1^2 + y_2^2 + \cdots + y_p^2 - y_{p+1}^2 - y_{p+2}^2 - \cdots - y_{p+q}^2$$
と表される。この表し方において,正項の数 p および負項の数 q は,実正則行列 Q の取り方によらない。また,p は A の正の固有値の数,q は A の負の固有値の数に等しい。

5.4 対角化の応用

上記の標準形を **Sylvester** 標準形という。この定理の証明は割愛する。

定義 5.10 (2 次形式の符号) 上記の定理における (p,q) を 2 次形式 $A[\boldsymbol{x}]$ または，実対称行列 A の**符号**という。

例 5.10 2 次形式
$$F(x_1, x_2, x_3, x_4) = 2(x_1x_2 + x_1x_3 + x_1x_4 + x_2x_3 + x_2x_4 + x_3x_4)$$
を考える。実ベクトル $\boldsymbol{x}$ と実対称行列 A を

$$\boldsymbol{x} = \begin{pmatrix} x_1 \\ x_2 \\ x_3 \\ x_4 \end{pmatrix},\ A = \begin{pmatrix} 0 & 1 & 1 & 1 \\ 1 & 0 & 1 & 1 \\ 1 & 1 & 0 & 1 \\ 1 & 1 & 1 & 0 \end{pmatrix}$$

とおくと，
$$F(x_1, x_2, x_3, x_4) = {}^t\boldsymbol{x} A \boldsymbol{x}$$
と表すことができる。ここで，実対称行列 A を対角化するような直交行列 P は，

$$P = \frac{1}{2} \begin{pmatrix} 1 & 1 & 1 & 1 \\ 1 & 1 & -1 & -1 \\ 1 & -1 & 1 & -1 \\ 1 & -1 & -1 & 1 \end{pmatrix}$$

であり，

$$P^{-1}AP = \begin{pmatrix} 3 & 0 & 0 & 0 \\ 0 & -1 & 0 & 0 \\ 0 & 0 & -1 & 0 \\ 0 & 0 & 0 & -1 \end{pmatrix}$$

となる。したがって，$\boldsymbol{x} = P\boldsymbol{y}$，すなわち，

$$\begin{pmatrix} x_1 \\ x_2 \\ x_3 \\ x_4 \end{pmatrix} = \frac{1}{2} \begin{pmatrix} 1 & 1 & 1 & 1 \\ 1 & 1 & -1 & -1 \\ 1 & -1 & 1 & -1 \\ 1 & -1 & -1 & 1 \end{pmatrix} \begin{pmatrix} y_1 \\ y_2 \\ y_3 \\ y_4 \end{pmatrix}$$

と変数変換すれば，

$$\begin{aligned} F(x_1, x_2, x_3, x_4) &= {}^t\boldsymbol{x} A \boldsymbol{x} \\ &= {}^t\boldsymbol{y}(P^{-1}AP)\boldsymbol{y} \\ &= 3y_1^2 - y_2^2 - y_3^2 - y_4^2 \end{aligned}$$

となる．この 2 次形式の符号は $(1,3)$ であることもわかる．

5.4.2　2 次曲線の分類

この章の最後は，2 次超曲面の標準形と 2 次曲線の分類について考察しよう．n 個の実変数 $x_1, x_2, \cdots, x_n$ に関する 2 次方程式

$$\sum_{i,j=1}^{n} a_{ij} x_i x_j + \sum_{i=1}^{n} 2 b_i x_i + c = 0 \quad (A = (a_{ij}) \neq O, \; a_{ji} = a_{ij}) \quad \cdots (*)$$

を考える．この方程式を満たす

$$\boldsymbol{x} = \begin{pmatrix} x_1 \\ x_2 \\ \vdots \\ x_n \end{pmatrix}$$

を n 次元ユークリッド空間 $\mathbb{R}^n$ の点とみて，その全体のなす集合を **2 次超曲面** という．前節の結果を用いて，方程式 $(*)$ をできるだけ簡単な形に変形することを考える．

n 次正則行列 P と $\boldsymbol{q} \in \mathbb{R}^n$ に対し，変数変換

$$\boldsymbol{x} = P\boldsymbol{y} + \boldsymbol{q}$$

を **アフィン変換** という．特に P が直交行列のとき，上記のアフィン変換は直交座標系の取り換えに相当する．アフィン変換を繰り返して行った変数変換はアフィン変換であることと，そのときの正則行列が直交行列であれば，繰り返して行った変数変換もそうであることが簡単にわかる．

方程式 $(*)$ をできるだけ簡単な形にすると，次の定理のようになる．

定理 5.10 (2 次超曲面の標準形)　2 次超曲面の方程式 $(*)$ に対し，直交行列 P によるアフィン変換

$$\boldsymbol{x} = P\boldsymbol{y} + \boldsymbol{q}$$

が存在して，次のいずれかの形になる．

5.4 対角化の応用

(1) $\alpha_1 y_1^2 + \alpha_2 y_2^2 + \cdots + \alpha_r y_r^2 + \gamma = 0,$
(2) $\alpha_1 y_1^2 + \alpha_2 y_2^2 + \cdots + \alpha_r y_r^2 = 0,$
(3) $\alpha_1 y_1^2 + \alpha_2 y_2^2 + \cdots + \alpha_r y_r^2 + 2\beta y_{r+1} = 0.$

ここで, $\alpha_1, \alpha_2, \cdots, \alpha_r, \beta, \gamma \neq 0$ である。

証明. 方程式 $(*)$ は, 実対称行列を $A = (a_{ij})$, 実ベクトルを

$$\boldsymbol{x} = \begin{pmatrix} x_1 \\ x_2 \\ \vdots \\ x_n \end{pmatrix}, \boldsymbol{b} = \begin{pmatrix} b_1 \\ b_2 \\ \vdots \\ b_n \end{pmatrix}$$

とおけば,

$$^t\boldsymbol{x} A \boldsymbol{x} + 2\,^t\boldsymbol{b} \boldsymbol{x} + c = 0$$

と表される。ここで, 変数変換を何回かに分けて行って, 方程式を順次簡単にしていこう。

前節の定理より, 実対称行列 $A = (a_{ij})$ は直交行列 P により対角化されたことから,

$$P^{-1}AP = \begin{pmatrix} \alpha_1 & & & & & & O \\ & \ddots & & & & & \\ & & \alpha_r & & & & \\ & & & 0 & & & \\ & & & & \ddots & & \\ O & & & & & & 0 \end{pmatrix}$$

となる。ここで, $\alpha_1, \alpha_2, \cdots, \alpha_r$ は, A の 0 でない固有値である。

$$\boldsymbol{x} = P\boldsymbol{y}$$

と変数変換すると,

$$\alpha_1 y_1^2 + \alpha_2 y_2^2 + \cdots + \alpha_r y_r^2 + 2\,^t\boldsymbol{b}'\boldsymbol{y} + c = 0 \quad (\boldsymbol{b}' = {}^tP\boldsymbol{b})$$

となる。

次に

$$y_i = \begin{cases} z_i - \dfrac{b'_i}{\alpha_i} & (1 \leq i \leq r), \\ z_i & (r+1 \leq i \leq n) \end{cases}$$

と変数変換すると,
$$\alpha_1 z_1^2 + \alpha_2 z_2^2 + \cdots + \alpha_r z_r^2 + 2\,{}^t\boldsymbol{d}\boldsymbol{z} + c'' = 0$$
の形になる。ここで,
$$\boldsymbol{d} = \begin{pmatrix} 0 \\ \vdots \\ 0 \\ b'_{r+1} \\ \vdots \\ b'_n \end{pmatrix},$$

である。ここで, $\boldsymbol{d} = \boldsymbol{o}$ のときは, 方程式は (1) または (2) の形になり, 証明は終わる。

$\boldsymbol{d} \neq \boldsymbol{o}$ としよう。$n-r$ 次単位ベクトル
$$\boldsymbol{q}_{r+1} = \frac{1}{\|\boldsymbol{d}\|} \begin{pmatrix} b'_{r+1} \\ \vdots \\ b'_n \end{pmatrix}$$

に $n-r-1$ 個のベクトル $\boldsymbol{q}_{r+2}, \cdots, \boldsymbol{q}_n$ を付け加えて, 正規直交基底を作ることができる。$n-r$ 次直交行列 Q を $Q = (\boldsymbol{q}_{r+1}\, \boldsymbol{q}_{r+2}\, \cdots\, \boldsymbol{q}_n)$ とおき,
$$\boldsymbol{z} = \begin{pmatrix} E & O \\ O & Q \end{pmatrix} \boldsymbol{w}$$

と変数変換すると,
$$\alpha_1 w_1^2 + \alpha_2 w_2^2 + \cdots + \alpha_r w_r^2 + 2\|\boldsymbol{d}\| w_{r+1} + c''' = 0$$
の形になる。

最後に
$$w_i = \begin{cases} u_i - \dfrac{c'''}{2\|\boldsymbol{d}\|} & (i = r+1), \\ u_i & (i \neq r+1) \end{cases}$$

5.4 対角化の応用

と変数変換すると，
$$\alpha_1 u_1^2 + \alpha_2 u_2^2 + \cdots + \alpha_r u_r^2 + 2\|\boldsymbol{d}\|u_{r+1} = 0$$
となって，方程式は (3) の形になる。 □

上記の結果を用いて，平面 2 次曲線を分類してみよう。まず，平面 2 次曲線
$$ax_1^2 + 2bx_1 x_2 + cx_2^2 + dx_1 + ex_2 + f = 0 \quad ((a, b, c) \neq (0, 0, 0))$$
は，定理から 2 次直交行列 P によるアファイン変換
$$\boldsymbol{x} = P\boldsymbol{y} + \boldsymbol{q}$$
が存在して，次のいずれかの形になる。
$$\begin{cases} \text{(1-1)} & \alpha_1 y_1^2 + \alpha_2 y_2^2 + \gamma = 0, \\ \text{(1-2)} & \alpha_1 y_1^2 + \gamma = 0, \\ \text{(2-1)} & \alpha_1 y_1^2 + \alpha_2 y_2^2 = 0, \\ \text{(2-2)} & \alpha_1 y_1^2 = 0, \\ \text{(3)} & \alpha_1 y_1^2 + 2\beta y_2 = 0. \end{cases}$$
ここで，$\alpha_1, \alpha_2, \beta, \gamma \neq 0$ である。

(1-1) $\gamma \neq 0$ であるので，両辺を γ で割ることにより，最初から
$$\alpha_1 y_1^2 + \alpha_2 y_2^2 = 1$$
としてよい。このとき，次のように分類される。

(1-1-1) $\alpha_1, \alpha_2 > 0$ のとき，楕円になる。

(1-1-2) $\alpha_1 \alpha_2 < 0$ のとき，双曲線になる。

(1-1-3) $\alpha_1, \alpha_2 < 0$ のとき，空集合になる。

(1-2) (1-1) と同様に，最初から
$$\alpha_1 y_1^2 = 1$$
としてよい。このとき，次のように分類される。

(1-2-1) $\alpha_1 > 0$ のとき，平行な二直線になる。

(1-2-2) $\alpha_1 < 0$ のとき，空集合になる。

(2-1) 次のように分類される。

(2-1-1) $\alpha_1 \alpha_2 < 0$ のとき，交わる二直線になる。

(2-1-2) $\alpha_1\alpha_2 > 0$ のとき，一点になる．

(2-2) 直線になる．

(3) 放物線になる．

2次曲線を標準形に直して，図示してみよう．簡単のため，いずれも，$b_i = c = 0$ の場合とする．

例 5.11 2次曲線 $x^2 - 10\sqrt{3}xy + 11y^2 = 16$ を考える．2次形式で表すと，

$$(x\ y)\begin{pmatrix} 1 & -5\sqrt{3} \\ -5\sqrt{3} & 11 \end{pmatrix}\begin{pmatrix} x \\ y \end{pmatrix} = 16$$

となる．左辺に現れる行列 A の固有値と固有ベクトルを求めると，固有値 16, 固有ベクトル $\begin{pmatrix} 1 \\ -\sqrt{3} \end{pmatrix}$, および，固有値 -4, 固有ベクトル $\begin{pmatrix} \sqrt{3} \\ 1 \end{pmatrix}$ となる．固有ベクトルを Schmidt の直交化法で，正規直交化して，

$$\boldsymbol{u}_1 = \frac{1}{2}\begin{pmatrix} 1 \\ -\sqrt{3} \end{pmatrix}, \quad \boldsymbol{u}_2 = \frac{1}{2}\begin{pmatrix} \sqrt{3} \\ 1 \end{pmatrix}$$

となる．$U = (\boldsymbol{u}_1, \boldsymbol{u}_2)$ とおくと，これは，原点の周りの $-\frac{\pi}{3}$ の回転を表す行列であり，$U^{-1}AU = \begin{pmatrix} 16 & 0 \\ 0 & -4 \end{pmatrix}$ となる．

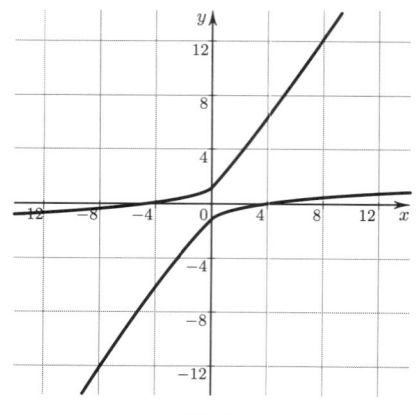

図 5.1

とおくと,
$$\begin{pmatrix} X \\ Y \end{pmatrix} = U^{-1} \begin{pmatrix} x \\ y \end{pmatrix}$$

$$16 = (x\ y) A \begin{pmatrix} x \\ y \end{pmatrix} = (X\ Y) U^{-1} A U \begin{pmatrix} X \\ Y \end{pmatrix} = 16X^2 - 4Y^2$$

となる。すなわち,曲線は XY 座標で見れば双曲線 $X^2 - \dfrac{Y^2}{2^2} = 1$ である。ゆえに,xy 座標で見れば,これを $-\dfrac{\pi}{3}$ だけ回転して得られるものである (図 5.1)。

問 5.8 2 次曲線 $4x^2 - 6xy - 4y^2 = 5$ を描け。

5.5 Jordan の標準形

前節では,与えられた正方行列を対角化する方法と対角化可能性について学んだ。対角化可能でない正方行列に対しても,Jordan 標準形と呼ばれる,対角行列に近い行列に変形できることが知られている。この節では,それを紹介するが,本書では証明については割愛する。

定義 5.11 (Jordan 細胞) α を複素数とする。次の形の n 次正方行列

$$J_n(\alpha) = \begin{pmatrix} \alpha & 1 & & & O \\ & \alpha & \ddots & & \\ & & \ddots & \ddots & \\ & & & \alpha & 1 \\ O & & & & \alpha \end{pmatrix}$$

を **Jordan (ジョルダン) 細胞**という。

定理 5.11 (Jordan 標準形) A を n 次正方行列とする。このとき,n 次正則行列 P と自然数 $n_1, n_2, \cdots, n_s$ $(n_1 + n_2 + \cdots + n_s = n)$ と複素数 $\alpha_1, \alpha_2, \cdots, \alpha_s$ (相異なる必要はない) が存在して,

$$P^{-1}AP = \begin{pmatrix} J_{n_1}(\alpha_1) & & & O \\ & J_{n_2}(\alpha_2) & & \\ & & \ddots & \\ O & & & J_{n_s}(\alpha_s) \end{pmatrix}$$

と表すことができる。また，この表し方は，対角に並ぶ Jordan 細胞 $J_{n_1}(\alpha_1)$, $J_{n_2}(\alpha_2), \cdots, J_{n_s}(\alpha_s)$ の順序の入れ換えを除いて，一意的である。

この定理の証明については，より専門的な教科書，例えば，

- 有馬 哲，「線型代数入門」，東京図書，東京，1974,
- 佐武 一郎，「線形代数」，共立出版，東京，1997

を参照されたい。

定義 5.12 定理 5.11 の $P^{-1}AP$ の形を A の **Jordan 標準形** という。

章末問題 5

1 2 次直交行列は,
$$\begin{pmatrix} \cos\theta & -\sin\theta \\ \sin\theta & \cos\theta \end{pmatrix} \text{ または, } \begin{pmatrix} \cos\theta & \sin\theta \\ \sin\theta & -\cos\theta \end{pmatrix}$$
の形で表されることを示せ。

2 A を Hermite 行列 (または実対称行列) とする。
  (1) 固有値と固有ベクトルの関係を用いて，A の固有値が実数であることを示せ。
  (2) A の異なる固有値に対する 2 つの固有ベクトルは，直交することを示せ。

3 次の正方行列を対角化するような正則行列をひとつあげ，対角化せよ。
  (1) $\begin{pmatrix} a & a \\ b & b \end{pmatrix}$ $((a,b) \neq (0,0))$, (2) $\begin{pmatrix} \cos\theta & -\sin\theta \\ \sin\theta & \cos\theta \end{pmatrix}$,
  (3) $\begin{pmatrix} 6 & -2 & 4 \\ 2 & 1 & 2 \\ -2 & 1 & 0 \end{pmatrix}$, (4) $\begin{pmatrix} 2 & -1 & -1 \\ 4 & 7 & 5 \\ -2 & -2 & 0 \end{pmatrix}$,

(5) $\begin{pmatrix} 0 & -1 & -1 & -2 \\ 1 & 2 & 1 & 0 \\ 3 & 1 & 4 & 2 \\ 1 & 1 & 0 & 4 \end{pmatrix}$.

4 次の実対称行列を対角化するような直交行列をひとつあげ，対角化せよ．

(1) $\begin{pmatrix} a & b \\ b & a \end{pmatrix}$, (2) $\begin{pmatrix} \cos\theta & \sin\theta \\ \sin\theta & -\cos\theta \end{pmatrix}$, (3) $\begin{pmatrix} 4 & -2 & 0 \\ -2 & 3 & -2 \\ 0 & -2 & 2 \end{pmatrix}$,

(4) $\begin{pmatrix} \sqrt{2} & 1 & 0 \\ 1 & \sqrt{2} & 1 \\ 0 & 1 & \sqrt{2} \end{pmatrix}$, (5) $\begin{pmatrix} 0 & 1 & \cdots & \cdots & 1 \\ 1 & 0 & \ddots & & \vdots \\ \vdots & \ddots & \ddots & \ddots & \vdots \\ \vdots & & \ddots & 0 & 1 \\ 1 & \cdots & \cdots & 1 & 0 \end{pmatrix}$.

5 n 次正方行列 A と m 次多項式
$$f(x) = c_0 x^m + c_1 x^{m-1} + \cdots + c_{m-1} x + c_m$$
$$(c_0, c_1, \cdots c_m \in \mathbb{C},\ c_0 \neq 0,\ m \in \mathbb{N})$$
に対し，n 次正方行列 $f(A)$ を
$$f(A) = c_0 A^m + c_1 A^{m-1} + \cdots + c_{m-1} A + c_m E$$
と定める．A の固有値を $\alpha_1,\ \alpha_2,\ \cdots,\ \alpha_n$ とするとき，$f(\alpha_1),\ f(\alpha_2),\ \cdots,\ f(\alpha_n)$ は $f(A)$ の固有値であることを示せ．

6 次の n 次正方行列 A を対角化することを考える．

$$A = \begin{pmatrix} a_0 & a_1 & a_2 & \cdots & a_{n-1} \\ a_{n-1} & a_0 & \ddots & \ddots & \vdots \\ \vdots & \ddots & \ddots & \ddots & a_2 \\ a_2 & & \ddots & a_0 & a_1 \\ a_1 & a_2 & \cdots & a_{n-1} & a_0 \end{pmatrix}$$

(1) n 次正方行列

$$J = \begin{pmatrix} 0 & 1 & 0 & \cdots & 0 \\ 0 & 0 & \ddots & \ddots & \vdots \\ \vdots & \ddots & \ddots & \ddots & 0 \\ 0 & & \ddots & 0 & 1 \\ 1 & 0 & \cdots & 0 & 0 \end{pmatrix}$$

を対角化せよ．また，J を対角化するような正則行列 P をひとつあげよ．

(2) $n-1$ 次多項式 $f(x)$ を

$$f(x) = a_{n-1}x^{n-1} + a_{n-2}x^{n-2} + \cdots + a_1 x + a_0$$

と定めるとき，$A = f(J)$ が成り立つことを示せ．

(2) A を対角化せよ．また，A の固有値を求めよ．

7 次の n 次正方行列 A を対角化することを考える．

$$A = \begin{pmatrix} 0 & 1 & 0 & \cdots & 0 \\ 1 & 0 & \ddots & \ddots & \vdots \\ 0 & \ddots & \ddots & \ddots & 0 \\ \vdots & \ddots & \ddots & 0 & 1 \\ 0 & \cdots & 0 & 1 & 0 \end{pmatrix}.$$

(1) n 次実ベクトル

$$\boldsymbol{x}_\theta = \begin{pmatrix} \sin\theta \\ \sin 2\theta \\ \vdots \\ \sin n\theta \end{pmatrix}$$

が A の固有ベクトルとなるような θ $(0 < \theta < \pi)$ と，そのときの固有値を求めよ．

(2) A を対角化するような正則行列 P をひとつあげ，対角化せよ．

8 次の 2 次形式を直交標準形にせよ．また，2 次形式の符号を求めよ．

(1) $F(x_1, x_2) = x_1^2 + 4x_1 x_2 - 2x_2^2$,
(2) $F(x_1, x_2, x_3) = 2(x_1 x_2 + x_1 x_3 + x_2 x_3)$,
(3) $F(x_1, x_2, x_3) = 2x_1^2 + 2x_2^2 - x_3^2 - 8x_1 x_2 + 4x_1 x_3 - 4x_2 x_3$.

9 2 次曲線 $7x^2 + 6\sqrt{3}xy + 13y^2 = 16$ を描け．

問と章末問題の解答

0. 複素数，ベクトルと空間図形

問 **0.1** (1) $7-5i$, (2) $9+2i$, (3) $11-2i$, (4) $-\dfrac{1}{5}-\dfrac{7}{5}i$.

問 **0.2** ($\Leftarrow$) 明らか。($\Rightarrow$) $\alpha \neq 0$ とすると，$\alpha\beta = 0$ の両辺に $\dfrac{1}{\alpha}$ を掛けることにより，$\beta = 0$ を得る。

問 **0.4** (1) 5, (2) 2.

問 **0.5** $1-\sqrt{3}i = 2\left(\cos\dfrac{5}{3}\pi + i\sin\dfrac{5}{3}\pi\right)$ であるから，点 $(1-\sqrt{3}i)z$ は，点 z を原点 O を中心に $\dfrac{5}{3}\pi$ だけ回転し，さらに長さを 2 倍したものである。

問 **0.6** (1) $-8i$, (2) $-64\sqrt{3}+64i$ (3) -1.

問 **0.8** (1) $(1,2,3) \times (1,-2,1) = (8,2,-4)$ であり，$|(8,2,-4)| = 2\sqrt{21}$ であるので，求める単位ベクトルは，$\pm\left(\dfrac{4}{\sqrt{21}}, \dfrac{1}{\sqrt{21}}, -\dfrac{2}{\sqrt{21}}\right)$ である。
(2) $(-1,2,1) \times (2,-1,0) = (1,2,-3)$ であり，$|(1,2,-3)| = \sqrt{14}$ であるので，求める単位ベクトルは，$\pm\left(\dfrac{1}{\sqrt{14}}, \dfrac{2}{\sqrt{14}}, -\dfrac{3}{\sqrt{14}}\right)$ である。

問 **0.9** $\boldsymbol{a} \times \boldsymbol{b} = (3,3,3)$, $\boldsymbol{b} \times \boldsymbol{c} = (0,0,1)$ より，$(\boldsymbol{a} \times \boldsymbol{b}) \cdot \boldsymbol{c} = -3$, $\boldsymbol{a} \cdot (\boldsymbol{b} \times \boldsymbol{c}) = -3$, $\boldsymbol{a} \times (\boldsymbol{b} \times \boldsymbol{c}) = (1,-2,0)$, $(\boldsymbol{a} \times \boldsymbol{b}) \times \boldsymbol{c} = (6,3,-9)$.

問 **0.10** (ヒント：Lagrange の公式 (0.3) を利用して示す。)

問 **0.11** (1) $\dfrac{1-x}{2} = y-3 = \dfrac{z-2}{4}$, (2) $\dfrac{x-2}{2} = \dfrac{y+1}{3} = 3-z$.

問 **0.12** (1) $\dfrac{\pi}{3}$, (2) $\dfrac{\pi}{2}$.

問 **0.13** (1) $-2x+y+2z+1=0$, (2) $x-2y+3z+9=0$.

章末問題 0

1 (1) $7+3i$, (2) $14-12i$, (3) $4\sqrt{2}+i$, (4) $\dfrac{7}{5}+\dfrac{2}{5}i$, (5) $-\dfrac{1}{64}$, (6) $-\dfrac{1}{4}$.

2 (1) $z=\pm\sqrt{3}+i, -2i$, (2) $z=\sqrt{3}+i, -1+\sqrt{3}i, -\sqrt{3}-i, 1-\sqrt{3}i$.

3 (1) ともに $(10,4,-6)$, (2) ともに $(-8,4,0)$.

4 $\boldsymbol{a}\cdot\boldsymbol{b}=0$ である。左辺を計算すると $\boldsymbol{a}\cdot\boldsymbol{b}=\displaystyle\sum_{i,j=1}^{3}a_ib_j\boldsymbol{u}_i\cdot\boldsymbol{v}_j$ となる。$\boldsymbol{u}_i\cdot\boldsymbol{v}_j=1$ $(i=j)$, $\boldsymbol{u}_i\cdot\boldsymbol{v}_j=0$ $(i\neq j)$ であるので，求める関係式は，$\displaystyle\sum_{i=1}^{3}a_ib_i=0$ である。
注意 $\boldsymbol{v}_i=\boldsymbol{u}_i$ を示してもよい。

5 $\overrightarrow{OA}=\boldsymbol{a}, \overrightarrow{OB}=\boldsymbol{b}, \overrightarrow{OC}=\boldsymbol{c}$ とすると, $V=|(\boldsymbol{a}\times\boldsymbol{b})\cdot\boldsymbol{c}|=7$

6 (1) $\dfrac{x-1}{2}=\dfrac{y-2}{2}=z$ $\left(\dfrac{x-3}{2}=\dfrac{y-4}{2}=z-1\text{でもよい}\right)$,
(2) $\dfrac{x}{11}=-\dfrac{y}{8}=\dfrac{4-z}{5}$.

7 (1) $\dfrac{\pi}{6}$, (2) $\dfrac{\pi}{4}$.

8 (1) $2x+4y+z-3=0$, (2) $2x+2y-2z+3=0$.

9 (1) $\dfrac{\pi}{4}$, (2) $2x+11y+10z-123=0$.

10 (1) $(x-1)^2+(y+2)^2+(z-3)^2=22$, (2) $x^2+(y-2)^2+(z-2)^2=9$,
(3) $(x-1)^2+(y-1)^2+(z-1)^2=1$, $(x-3)^2+(y-3)^2+(z-3)^2=9$.

1. 行　　列

問 **1.1** $x=1, y=2$.

問 **1.2** (1) $\begin{pmatrix} 8 & 5 \\ 20 & 13 \end{pmatrix}$, (2) $\begin{pmatrix} 0 & 0 \\ 0 & 0 \end{pmatrix}$, (3) $\begin{pmatrix} -21 & 30 & -39 \\ -11 & 16 & -21 \\ -1 & 2 & -3 \end{pmatrix}$, (4) -44.

1. 行　列

問 1.3 (1) $\begin{pmatrix} 1 & n \\ 0 & 1 \end{pmatrix}$, (2) $\begin{pmatrix} 1 & n & \frac{n(n+1)}{2} \\ 0 & 1 & n \\ 0 & 0 & 1 \end{pmatrix}$, (3) $A^{3k} = \begin{pmatrix} 1 & 0 & 0 \\ 0 & 1 & 0 \\ 0 & 0 & 1 \end{pmatrix}$, $A^{3k-1} = \begin{pmatrix} 0 & 1 & 0 \\ 0 & 0 & 1 \\ 1 & 0 & 0 \end{pmatrix}$, $A^{3k-2} = A$ $(k = 1, 2, 3, \cdots)$.

問 1.4 略.

問 1.5 略.

問 1.6 (1) 正しい。 (2) $AB = BA$ のとき正しい。 (3) $AB = BA$ のとき正しい。

問 1.7 略.

問 1.8 (1) 行列 $X = \begin{pmatrix} p & q \\ r & s \end{pmatrix}$ に対し, $AX = \begin{pmatrix} p+2r & q+2s \\ 0 & 0 \end{pmatrix} \neq E$ である。
(2) も同様。

問 1.9 (1) もし A が逆行列をもつとすると, $A^{-1}(AB) = A^{-1}O = O$ すなわち $B = O$ となり仮定に矛盾する。
(2) $AA^2 = A(-A-E) = -A^2 - A = -(-A-E) - A = E$。同様に $A^2 A = E$ も示せるので, $A^2 = A^{-1}$ である。

問 1.10 (1) $\begin{pmatrix} 0 & 1 \\ -1 & 0 \end{pmatrix}$, (2) $\frac{1}{24}\begin{pmatrix} 24 & -12 & -2 \\ 0 & 6 & -5 \\ 0 & 0 & 4 \end{pmatrix}$.

問 1.11 (1) $\begin{pmatrix} 2 & 0 \\ 0 & 2 \end{pmatrix}$, (2) $\frac{1}{5}\begin{pmatrix} -3 & 4 \\ 4 & 3 \end{pmatrix}$.

問 1.12 (1) $y = 0$ (x 軸), (2) $2x - 3y + c = 0$ (c は任意定数), $x - y = 0$.

問 1.13 (1) xz 平面の正射影, (2) z 軸を中心とした θ の回転.

問 1.14 (1) $\begin{pmatrix} x \\ y \end{pmatrix} = \begin{pmatrix} 2 & -1 \\ 1 & 3 \end{pmatrix}^{-1} \begin{pmatrix} 4 \\ -5 \end{pmatrix} = \frac{1}{7}\begin{pmatrix} 3 & 1 \\ -1 & 2 \end{pmatrix}\begin{pmatrix} 4 \\ -5 \end{pmatrix} = \begin{pmatrix} 1 \\ -2 \end{pmatrix}$,

(2) $\begin{pmatrix} x \\ y \\ z \end{pmatrix} = \begin{pmatrix} 1 & -2 & 1 \\ 3 & -1 & 1 \\ -2 & 3 & -3 \end{pmatrix}^{-1} \begin{pmatrix} 8 \\ 8 \\ -17 \end{pmatrix}$

$= \frac{1}{7}\begin{pmatrix} 0 & 3 & 1 \\ -7 & 1 & -2 \\ -7 & -1 & -5 \end{pmatrix}\begin{pmatrix} 8 \\ 8 \\ -17 \end{pmatrix} = \begin{pmatrix} 1 \\ -2 \\ 3 \end{pmatrix}$.

章末問題 1

1 (1) $S = \dfrac{1}{2}(A + {}^tA)$, $T = \dfrac{1}{2}(A - {}^tA)$ とおけば, S は対称行列, T は交代行列で $A = S + T$ となる。

(2) $\begin{pmatrix} 1 & \frac{5}{2} \\ \frac{5}{2} & 4 \end{pmatrix} + \begin{pmatrix} 0 & -\frac{1}{2} \\ \frac{1}{2} & 0 \end{pmatrix}$, $\begin{pmatrix} 1 & 3 & 5 \\ 3 & 5 & 7 \\ 5 & 7 & 9 \end{pmatrix} + \begin{pmatrix} 0 & -1 & -2 \\ 1 & 0 & -1 \\ 2 & 1 & 0 \end{pmatrix}$.

2 ${}^tA\boldsymbol{x} = \begin{pmatrix} 4 & 9 & 1 \\ 7 & 0 & 8 \end{pmatrix} \begin{pmatrix} 1 \\ -2 \\ 3 \end{pmatrix} = \begin{pmatrix} -11 \\ 31 \end{pmatrix}$,

${}^t\boldsymbol{x}B\boldsymbol{x} = (1\ -2\ 3) \begin{pmatrix} 1 & 2 & 8 \\ 7 & 0 & 2 \\ 5 & 1 & 3 \end{pmatrix} \begin{pmatrix} 1 \\ -2 \\ 3 \end{pmatrix} = (2\ 5\ 13) \begin{pmatrix} 1 \\ -2 \\ 3 \end{pmatrix} = 31$.

3 (1) $\begin{pmatrix} a^n & na^{n-1} \\ 0 & a^n \end{pmatrix}$, (2) $\begin{pmatrix} a^n & na^{n-1} & \frac{n(n-1)}{2}a^{n-2} \\ 0 & a^n & na^{n-1} \\ 0 & 0 & a^n \end{pmatrix}$.

4 (1) 略 (2) Cayley-Hamilton の定理より, $A^2 = 3A$ となる。これより, $A^n = 3^{n-1}A = 3^{n-1} \begin{pmatrix} 1 & 1 \\ 2 & 2 \end{pmatrix}$.

5

(2) $QA = \begin{matrix} \\ \\ i) \\ \\ j) \\ \\ \\ \end{matrix} \begin{pmatrix} 1 & & & & & & \\ & \ddots & & & & & \\ & & 1 & & & & \\ & & & \vdots & \ddots & & \\ & & & \lambda & \ldots & 1 & \\ & & & & & & \ddots \\ & & & & & & & 1 \end{pmatrix} \begin{pmatrix} a_{11} & a_{12} & \ldots & a_{1n} \\ \vdots & \vdots & & \vdots \\ a_{i1} & a_{i2} & \ldots & a_{in} \\ \vdots & \vdots & & \vdots \\ a_{j1} & a_{j2} & \ldots & a_{jn} \\ \vdots & \vdots & & \vdots \\ a_{m1} & a_{m2} & \ldots & a_{mn} \end{pmatrix}$

$= \begin{pmatrix} a_{11} & a_{12} & \ldots & a_{1n} \\ \vdots & \vdots & & \vdots \\ a_{i1} & a_{i2} & \ldots & a_{in} \\ \vdots & \vdots & & \vdots \\ \lambda a_{i1} + a_{j1} & \lambda a_{i2} + a_{j2} & \ldots & \lambda a_{in} + a_{jn} \\ \vdots & \vdots & & \vdots \\ a_{m1} & a_{m2} & \ldots & a_{mn} \end{pmatrix}$ など.

6 $\,^t\bar{A} = \begin{pmatrix} 0 & 1-i & 2-3i \\ 1+i & 1 & i \\ 2+3i & -i & 2 \end{pmatrix} = \overline{\begin{pmatrix} 0 & 1+i & 2+3i \\ 1-i & 1 & -i \\ 2-3i & i & 2 \end{pmatrix}} = A$ となる。同様に $\,^t\left(\overline{(\bar{A})}\right) = \bar{A}$ となる。

7 $A^{2k-1} = A$, $A^{2k} = E$ ($k = 1, 2, 3, \cdots$) である。また，$AA = A^2 = E$ であるから $A^{-1} = A^{2k-1} = A$ である。

8 (1) $\begin{pmatrix} x \\ y \end{pmatrix} = \begin{pmatrix} 1 & 2 \\ 3 & 4 \end{pmatrix}^{-1} \begin{pmatrix} \xi \\ \eta \end{pmatrix} = \begin{pmatrix} -2\xi + \eta \\ \frac{3}{2}\xi - \frac{1}{2}\eta \end{pmatrix}$ であるので，これを与えられた直線の方程式に代入すると $9\xi - 4\eta - 1 = 0$ となる．ξ, η を改めて x, y と書けば，求める像は直線 $9x - 4y - 1 = 0$ である．

(2) (1) と同様に考えて，求める曲線は双曲線 $x^2 - y^2 = 2$ である．

9 (1) $\begin{pmatrix} 1 & 0 & 0 \\ 0 & 1 & 0 \\ 0 & 0 & -1 \end{pmatrix}$, (2) $\begin{pmatrix} -1 & 0 & 0 \\ 0 & 1 & 0 \\ 0 & 0 & -1 \end{pmatrix}$, (3) $\begin{pmatrix} 1 & 0 & 0 \\ 0 & 0 & 1 \\ 0 & 1 & 0 \end{pmatrix}$.

2. 行 列 式

問 2.2 命題 2.1 の証明は，直接計算による．系 2.1 は，交代性より，$\det(\boldsymbol{a}_1, \boldsymbol{a}_1) = -\det(\boldsymbol{a}_1, \boldsymbol{a}_1)$ であることから．

問 2.4 $\det A = \det{}^t A = -2$, $\det A^2 = 4$, $\det B = 16$, $\det(AB) = \det(BA) = -32$, $\det C = -48$, $\det D = 0$, $\det E = -36 - 432i$.

問 2.5 $+$.

問 2.7 定理 2.3 と $\,^t A = -A$ を用いて，$\det A = \det{}^t A = \det(-A)$ である．A が奇数次の正方行列であることと，問 2.3 より，$\det(-A) = -\det A$ となる．

問 2.8 n 重線形性より，$\det(\boldsymbol{a}_1, \cdots, \boldsymbol{a}_i + \lambda \boldsymbol{a}_j, \cdots, \boldsymbol{a}_j, \cdots, \boldsymbol{a}_n)$
$= \det(\boldsymbol{a}_1, \cdots, \boldsymbol{a}_i, \cdots, \boldsymbol{a}_j, \cdots, \boldsymbol{a}_n) + \lambda \det(\boldsymbol{a}_1, \cdots, \boldsymbol{a}_j, \cdots, \boldsymbol{a}_j, \cdots, \boldsymbol{a}_n)$ となるが，交代性より，右辺第 2 項は 0 となる．

問 2.11 (1) $\sum_\sigma \operatorname{sgn} \sigma \overline{a_{\sigma(1)1}} \, \overline{a_{\sigma(2)2}} \cdots \overline{a_{\sigma(n)n}} = \overline{\sum_\sigma \operatorname{sgn} \sigma a_{\sigma(1)1} a_{\sigma(2)2} \cdots a_{\sigma(n)n}}$.
(2) $\det(A {}^t\bar{A}) = \det A \det({}^t\bar{A}) = \det A \, \overline{\det A} = |\det A|^2 \geqq 0$.

問 2.13 帰納法による．$n = 1$ のときは両辺とも a_{11} で正しい．$n-1$ のとき正しいとする．第 n 行で余因子展開すると，$\det A = n \det \tilde{A}_{nn}$ となる．帰納法の仮定より，$\det A_{nn} = a_{11} a_{22} \cdots a_{n-1\,n-1}$ である．

問 **2.14** $\boldsymbol{a} \times \boldsymbol{a} = \det \begin{pmatrix} \boldsymbol{e}_1 & \boldsymbol{e}_2 & \boldsymbol{e}_3 \\ a_1 & a_2 & a_3 \\ a_1 & a_2 & a_3 \end{pmatrix}$ であるが，第 2 行と第 3 行が同じであることから，行列式の交代性により，$\boldsymbol{a} \times \boldsymbol{a} = \boldsymbol{o}$ であることが分かる。他も，$(\boldsymbol{a} \times \boldsymbol{b}) \cdot \boldsymbol{a} = \det(\boldsymbol{a}, \boldsymbol{b}, \boldsymbol{a}) = 0$ など，同様にいずれも行列式の交代性により示される。

問 **2.16** $AB \in GL_n$ であることと，$\det(AB) \neq 0$ は同値である。$\det(AB) = \det A \det B$ であるので，これは，$\det A \neq 0$ かつ $\det B \neq 0$ である。さらにこれは，$A \in GL_n$ かつ $B \in GL_n$ と同値である。

章末問題 2

1 $\begin{pmatrix} \cos\theta & -\sin\theta \\ \sin\theta & \cos\theta \end{pmatrix}$.

2 $A^{-1}(x)A(x) \equiv E_n$ の両辺を微分すると，

$$\left(\frac{d}{dx}A^{-1}(x)\right)A(x) + A^{-1}(x)\frac{d}{dx}A(x) = 0$$

となる。これを変形せよ。なお，この問題の公式は，$n = 1$ のとき，よく知られた $\frac{d}{dx}\left(\frac{1}{f(x)}\right) = -\frac{1}{(f(x))^2}\frac{df}{dx}(x)$ になる。

3 (1) $15 + 24 + 24 - 27 - 16 - 20 = 0$.

(2) $\det \begin{pmatrix} 3 & 4 \\ 4 & 5 \end{pmatrix} - 2\det \begin{pmatrix} 2 & 4 \\ 3 & 5 \end{pmatrix} + 3\det \begin{pmatrix} 2 & 3 \\ 3 & 4 \end{pmatrix} = -1 + 4 - 3 = 0$.

4 (1) $\det \begin{pmatrix} 1 & 2 & 3 & 4 \\ 4 & 3 & 2 & 1 \\ 3 & 0 & 0 & 4 \\ 1 & 0 & 0 & 2 \end{pmatrix} = -\det \begin{pmatrix} 2 & 3 & 4 \\ 3 & 2 & 1 \\ 0 & 0 & 4 \end{pmatrix} + 2\det \begin{pmatrix} 1 & 2 & 3 \\ 4 & 3 & 2 \\ 3 & 0 & 0 \end{pmatrix}$

$= -1 \cdot 4 \det \begin{pmatrix} 2 & 3 \\ 3 & 2 \end{pmatrix} + 2 \cdot 3 \det \begin{pmatrix} 2 & 3 \\ 3 & 2 \end{pmatrix} = -4(4-9) + 6(4-9) = -10$,

(2) $\det \begin{pmatrix} 4 & 9 & 2 \\ 3 & 5 & 7 \\ 8 & 1 & 6 \end{pmatrix} = \det \begin{pmatrix} 15 & 9 & 2 \\ 15 & 5 & 7 \\ 15 & 1 & 6 \end{pmatrix} = 15\det \begin{pmatrix} 1 & 9 & 2 \\ 1 & 5 & 7 \\ 1 & 1 & 6 \end{pmatrix}$

$= 15\det \begin{pmatrix} 1 & 9 & 2 \\ 0 & -4 & 5 \\ 0 & -8 & 4 \end{pmatrix} = 15\det \begin{pmatrix} -4 & 5 \\ -8 & 4 \end{pmatrix} = 15(-16 + 40) = 360$.

5 $\det \begin{pmatrix} 1 & 2 & 3 & 4 \\ 3 & 5 & 7 & 4 \\ 4 & 6 & 3 & 4 \\ 5 & 2 & 3 & 4 \end{pmatrix} = \det \begin{pmatrix} 1 & 2 & 3 & 4 \\ 1 & 3 & 4 & 0 \\ 3 & 4 & 0 & 0 \\ 4 & 0 & 0 & 0 \end{pmatrix} = -4\det \begin{pmatrix} 2 & 3 & 4 \\ 3 & 4 & 0 \\ 4 & 0 & 0 \end{pmatrix}$

2. 行列式

$$= -16 \det \begin{pmatrix} 3 & 4 \\ 4 & 0 \end{pmatrix} = 256.$$

6　(1) 正則で逆行列は $\begin{pmatrix} \cos\theta & -\sin\theta & 0 \\ \sin\theta & \cos\theta & 0 \\ 0 & 0 & 1 \end{pmatrix}$,

(2) 正則で逆行列は $-\dfrac{1}{12}\begin{pmatrix} -2 & 2 & -6 \\ 1 & -7 & -3 \\ -2 & 2 & 6 \end{pmatrix}$,

(3) 正則で逆行列は $\dfrac{1}{10}\begin{pmatrix} -1 & 4 & 0 \\ 3 & 2 & -2 \\ 1 & 1 & 0 \end{pmatrix}$,

(4) $abc \neq 0$ のときに限り正則で，そのとき逆行列は $\dfrac{1}{2abc}\begin{pmatrix} -a^2 & ab & ca \\ ab & -b^2 & bc \\ ca & bc & -c^2 \end{pmatrix}$.

7　(1) $(a-b)(b-c)(c-a)(ab+bc+ca)$,
(2) $(a-b)(b-c)(c-a)$,
(3) $(a-b)(a-c)(a-d)(b-c)(b-d)(c-d)(a+b+c+d)$.

8 $a_1 = a_2$ のとき，行列の第 1 列と第 2 列は等しくなるので，行列式は 0 になる。従って，行列式は $a_1 - a_2$ で割り切れる。同様に $a_i - a_j$ $(i < j)$ で割り切れる。

9 $\tilde{A}A = (\det A)E_n$ の両辺の行列式を計算する。
注意．$\det A \neq 0$ であれば，$\det \tilde{A} = (\det A)^{n-1}$ であることになるが，この式は，$\det A = 0$ でも成り立つことが知られている。

10 前問より，$\det A \det B = (\det B)^3$ である。$\det B = 2a - a^3$ であるので，$2a - a^3 \neq 0$ のときは，$\det A = (2a - a^3)^2$ である。上の注意より，これは $2a - a^3 = 0$ のときも正しい。上の注意で書かれたことを使いたくない読者は，$2a - a^3 = 0$ のときは，$a = 0, a = \pm\sqrt{2}$ を A に代入して，直接 $\det A = 0$ を確かめよ。

11 $\boldsymbol{a}_2 \times \boldsymbol{a}_3 = \det \begin{pmatrix} \boldsymbol{e}_1 & \boldsymbol{e}_2 & \boldsymbol{e}_3 \\ -\dfrac{\sqrt{3}}{2} & \dfrac{a}{2} & 0 \\ 0 & 0 & c \end{pmatrix} = \dfrac{ac}{2}\boldsymbol{e}_1 + \dfrac{\sqrt{3}}{2}ac\boldsymbol{e}_2$ であるので，
$T = (\boldsymbol{a}_1 \times \boldsymbol{a}_2) \cdot \boldsymbol{a}_3 = (\boldsymbol{a}_2 \times \boldsymbol{a}_3) \cdot \boldsymbol{a}_1 = \dfrac{\sqrt{3}}{2}a^2c$ となる。したがって，
$\boldsymbol{b}_1 = \dfrac{\boldsymbol{a}_2 \times \boldsymbol{a}_3}{T} \dfrac{1}{\sqrt{3}a}\left(\boldsymbol{e}_1 + \sqrt{3}\boldsymbol{e}_2\right)$ となる。同様に，$\boldsymbol{b}_2 = \dfrac{1}{\sqrt{3}}\left(-\boldsymbol{e}_1 + \sqrt{3}\boldsymbol{e}_2\right)$, $\boldsymbol{b}_3 = \dfrac{1}{c}\boldsymbol{e}_3$ となる。なお，ここで用いた 3 つのベクトル $\boldsymbol{a}_1, \boldsymbol{a}_2, \boldsymbol{a}_3$ のスカラー三重積 $(\boldsymbol{a}_1 \times \boldsymbol{a}_2) \cdot \boldsymbol{a}_3$ は，$a > 0, c > 0$ のとき，一辺の長さ a の正六角形を底辺とする高さ c の正六角柱の体積の $\dfrac{1}{3}$ になる。

3. 連立 1 次方程式

問 3.1　(1) $(x_1, x_2, x_3) = (5, -1, 2)$,　(2) $(x_1, x_2, x_3) = (1, 0, 1)$,
(3) $(x_1, x_2, x_3) = (3, -5, 4)$,　(4) $(x_1, x_2, x_3) = (4, 1, 2)$,
(5) $(x_1, x_2, x_3) = (1, -2, -1)$,　(6) $(x_1, x_2, x_3) = (-2, 2, -1)$.

問 3.2 (1) 3, (2) 2, (3) 1, (4) 2, (5) 3, (6) 2, (7) 2, (8) 1, (9) 3.

問 3.3　$(x_1, x_2, x_3, x_4) = (-t_1 + 2t_2 + 3, -t_2 + 2, t_1, t_2)$, ただし, t_1, t_2 は任意の数.

問 3.4　(1) $\begin{pmatrix} 1 & 1 & -2 \\ -1 & -2 & 4 \\ 0 & 1 & -1 \end{pmatrix}$,　(2) $\begin{pmatrix} 0 & 1 & 2 \\ 1 & 2 & 0 \\ -1 & 0 & 3 \end{pmatrix}$,
(3) $\begin{pmatrix} 3 & -6 & 2 \\ -1 & 3 & -1 \\ -2 & 4 & -1 \end{pmatrix}$.

問 3.5　$(x_1, x_2, x_3) = (-1, 4, -7)$.

章末問題 3

1　(1) $(x_1, x_2, x_3) = (1, -1, 2)$,　(2) $(x_1, x_2, x_3) = (1, 2, 1)$,
(3) $(x_1, x_2, x_3, x_4) = (3t + 1, -4t - 1, 4t + 2, t)$, ただし, t は任意の数,
(4) $(x_1, x_2, x_3, x_4) = (30t + 8, -68t - 16, -54t - 13, t)$, ただし, t は任意の数.

2　(1) 1, (2) 3, (3) 3, (4) 2, (5) 3, (6) 2, (7) 2, (8) 2,
(9) $a = 5$ のとき 2, それ以外のとき 3,
(10) $x = y = 0$ のとき 0, $x = y \neq 0$ のときは 1, $x + 2y = 0$ のときは 2, それ以外のときは 3,
(11) $x = 1$ のとき 3, $x = -1$ のとき 3, $x = 0$ のとき 3, それ以外のとき 4,
(12) $a = 5$ のとき 3, $a = -3$ のとき 3, $a = 3$ のときは 2, それ以外のとき 4.

3 $\det P = \det \begin{pmatrix} 1 & 1 & 1 & p \\ 1 & 1 & p & p \\ 1 & p & p & p \\ p & p & p & p \end{pmatrix} = \det \begin{pmatrix} 1 & 1 & 1 & p \\ 0 & 0 & p-1 & p-1 \\ 0 & p-1 & p-1 & p-1 \\ 0 & 0 & 0 & -p(p-1) \end{pmatrix}$
$= -\det \begin{pmatrix} 1 & 1 & 1 & p \\ 0 & p-1 & p-1 & p-1 \\ 0 & 0 & p-1 & p-1 \\ 0 & 0 & 0 & -p(p-1) \end{pmatrix} = p(p-1)^3$,

3. 連立1次方程式

$$\text{rank } P = \text{rank}\begin{pmatrix} 1 & 1 & 1 & p \\ 0 & p-1 & p-1 & p-1 \\ 0 & 0 & p-1 & p-1 \\ 0 & 0 & 0 & -p(p-1) \end{pmatrix} = \begin{cases} 4 & (p \neq 0, 1 \text{ のとき}), \\ 3 & (p = 0 \text{ のとき}), \\ 1 & (p = 1 \text{ のとき}). \end{cases}$$

4 (1) $\text{rank}\begin{pmatrix} 5 & 3 & 13 & -2 \\ 1 & 2 & -3 & 1 \\ 3 & 1 & 11 & b \end{pmatrix} = \text{rank}\begin{pmatrix} 5 & 3 & 13 \\ 1 & 2 & -3 \\ 3 & 1 & 11 \end{pmatrix}$ となるように, b を定める。左辺は $b=-2$ のとき 2, $b \neq -2$ のとき 3 である。右辺は 2 であるので, $b=-2$ のとき解を持つ。これを方程式に代入して改めて解くと, 解は, $(x_1, x_2, x_3) = (-5t-1, 4t+1, t)$. ただし, t は任意の数.

(2) 拡大係数行列の階数は, $b=2$ のとき 2, $b \neq 2$ のとき 3 である。また, 係数行列の階数は 2 である。よって, よって, 連立方程式が解を持つのは $b=2$ のときである。これを方程式に代入して改めて解くと, 解は, $(x_1, x_2, x_3) = (13t-3, 5t-1, t)$. ただし, t は任意の数.

5 (1) $\begin{pmatrix} 12 & -1 & -4 \\ -13 & 1 & 5 \\ 2 & 0 & -1 \end{pmatrix}$, (2) $\begin{pmatrix} -2 & -1 & 5 \\ 0 & 1 & 0 \\ -1 & 0 & 3 \end{pmatrix}$,

(3) $\begin{pmatrix} -3 & 5 & -1 \\ 6 & -9 & 2 \\ 4 & -6 & 1 \end{pmatrix}$, (4) $\begin{pmatrix} 2 & -2 & 1 \\ -3 & 4 & -2 \\ -1 & 1 & 0 \end{pmatrix}$,

(5) $\begin{pmatrix} 0 & -1 & 1 & 0 \\ 1 & 1 & -1 & -1 \\ -1 & 0 & 1 & 1 \\ 0 & 0 & 0 & 1 \end{pmatrix}$,

6 (1) $\det\begin{pmatrix} 3 & -2 & 1 \\ 1 & 1 & -3 \\ 2 & 3 & -1 \end{pmatrix} = \det\begin{pmatrix} 0 & -5 & 10 \\ 1 & 1 & -3 \\ 0 & 1 & 5 \end{pmatrix}$

$= -\det\begin{pmatrix} -5 & 10 \\ 1 & 5 \end{pmatrix} = -(-25-10) = 35,$

$\det\begin{pmatrix} 9 & -2 & 1 \\ -7 & 1 & -3 \\ 1 & 3 & -1 \end{pmatrix} = \det\begin{pmatrix} 0 & -29 & 10 \\ 0 & 22 & -10 \\ 1 & 3 & -1 \end{pmatrix}$

$= \det\begin{pmatrix} -29 & 10 \\ 22 & -10 \end{pmatrix} = 290 - 220 = 70,$

$\det\begin{pmatrix} 3 & 9 & 1 \\ 1 & -7 & -3 \\ 2 & 1 & -1 \end{pmatrix} = \det\begin{pmatrix} 0 & 30 & 10 \\ 1 & -7 & -3 \\ 0 & 15 & 5 \end{pmatrix}$

$= -\det\begin{pmatrix} -30 & 10 \\ 15 & 5 \end{pmatrix} = -(150-150) = 0,$

$\det\begin{pmatrix} 3 & -2 & 9 \\ 1 & 1 & -7 \\ 2 & 3 & -1 \end{pmatrix} = \det\begin{pmatrix} 0 & -5 & 30 \\ 1 & 1 & -3 \\ 0 & 1 & 15 \end{pmatrix}$

$$= -\det\begin{pmatrix} -5 & 30 \\ 1 & 15 \end{pmatrix} = -(-75 - 30) = 105$$

であるので, $x = \frac{70}{35} = 2$, $y = \frac{0}{35} = 0$, $z = \frac{105}{35} = 3$ である.

(2) $\boldsymbol{h} = \begin{pmatrix} 1 \\ h \\ h^2 \end{pmatrix}$, $\boldsymbol{k} = \begin{pmatrix} 1 \\ k \\ k^2 \end{pmatrix}$, $\boldsymbol{l} = \begin{pmatrix} 1 \\ l \\ l^2 \end{pmatrix}$, $\boldsymbol{m} = \begin{pmatrix} 1 \\ m \\ m^2 \end{pmatrix}$ とおく.

Vandermonde の行列式の公式を用いて,

$$x = \frac{\det(\boldsymbol{m}, \boldsymbol{k}, \boldsymbol{l})}{\det(\boldsymbol{h}, \boldsymbol{k}, \boldsymbol{l})} = \frac{(m-k)(k-l)(l-m)}{(h-k)(k-l)(l-h)} = \frac{(m-k)(l-m)}{(h-k)(l-h)},$$

$$y = \frac{\det(\boldsymbol{h}, \boldsymbol{m}, \boldsymbol{l})}{\det(\boldsymbol{h}, \boldsymbol{k}, \boldsymbol{l})} = \frac{(h-m)(m-l)(l-h)}{(h-k)(k-l)(l-h)} = \frac{(h-m)(m-l)}{(h-k)(k-l)},$$

$$z = \frac{\det(\boldsymbol{h}, \boldsymbol{k}, \boldsymbol{m})}{\det(\boldsymbol{h}, \boldsymbol{k}, \boldsymbol{l})} = \frac{(h-k)(k-m)(m-h)}{(h-k)(k-l)(l-h)} = \frac{(k-m)(m-h)}{(k-l)(l-h)}$$

となる.

4. 線形空間

問 4.1 (1) 部分空間. (2) 部分空間でない.

問 4.2 (1) $\mathrm{rank}\begin{pmatrix} 2 & 1 & 1 \\ 6 & 8 & 4 \\ 4 & 7 & 5 \\ 8 & 9 & 5 \end{pmatrix} = 3$ である事から, 1 次独立.

(2) $\mathrm{rank}\begin{pmatrix} 2 & 1 & 1 \\ 6 & 8 & 4 \\ 4 & 7 & 3 \\ 8 & 9 & 5 \end{pmatrix} = 2$ である事から, 1 次従属.

問 4.3 (1) $(\boldsymbol{b}_1, \boldsymbol{b}_2, \boldsymbol{b}_3, \boldsymbol{b}_4) = (\boldsymbol{a}_1, \boldsymbol{a}_2, \boldsymbol{a}_3, \boldsymbol{a}_4)\begin{pmatrix} 1 & 2 & 3 & -2 \\ 0 & 1 & 1 & 0 \\ 3 & 0 & -5 & -10 \\ 2 & 3 & -3 & -8 \end{pmatrix}$.

(2) $\mathrm{rank}\begin{pmatrix} 1 & 2 & 3 & -2 \\ 0 & 1 & 1 & 0 \\ 3 & 0 & -5 & -10 \\ 2 & 3 & -3 & -8 \end{pmatrix} = 3$ であることから, 1 次従属.

問 4.4 $\begin{pmatrix} 2 & 1 & 1 \\ 6 & 8 & 4 \\ 4 & 7 & 3 \end{pmatrix}\begin{pmatrix} c_1 \\ c_2 \\ c_3 \end{pmatrix} = \boldsymbol{o}$ に非自明解が存在する (例 4.12) ことから, $f_1(x)$, $f_2(x)$, $f_3(x)$ は 1 次従属である.

4. 線形空間

問 4.5 $x+1$ を x' と置くことによって, $1, x', \cdots, (x')^n$ とすれば, 例 4.14 から 1 次独立であることが分かる. また, 1 次関係式から, 例 4.14 と同様にそれらの微分式を順次求めて $x=0$ を代入して, 逆に $(x+1)^n$ の係数から順次求めると, すべての係数が零となることによっても説明できる.

問 4.6 $c_1 \begin{pmatrix} 1 & 0 \\ 0 & 0 \end{pmatrix} + c_2 \begin{pmatrix} 0 & 1 \\ 0 & 0 \end{pmatrix} + c_3 \begin{pmatrix} 1 & 1 \\ 0 & 0 \end{pmatrix} + c_4 \begin{pmatrix} 1 & 1 \\ 1 & 1 \end{pmatrix} = O$ は, 自明解以外に解を持つことから, 1 次従属.

問 4.7 行基本変形でも求めることができるが, すでに, 例 4.18 で, $\boldsymbol{a}_3 = \frac{2}{5}\boldsymbol{a}_1 + \frac{1}{5}\boldsymbol{a}_2$ と得られているので, 式を変形して, $\boldsymbol{a}_1 = -\frac{1}{2}\boldsymbol{a}_2 + \frac{5}{2}\boldsymbol{a}_3, \boldsymbol{a}_2 = -2\boldsymbol{a}_1 - 5\boldsymbol{a}_3$ となる.

問 4.8 (1) 行列 $(\boldsymbol{a}_1, \boldsymbol{a}_2, \boldsymbol{a}_3, \boldsymbol{a}_4)$ の階数を計算して, 1 次独立なベクトルの個数は 2. 1 次独立なベクトルは, 例えば $\boldsymbol{a}_1, \boldsymbol{a}_2$.

(2) 残りのベクトル $\boldsymbol{a}_3, \boldsymbol{a}_4$ は, ベクトル $\boldsymbol{a}_1, \boldsymbol{a}_2$ を用いて,

$$\boldsymbol{a}_3 = \begin{pmatrix} 1 \\ 4 \\ 3 \\ 5 \end{pmatrix} = \frac{2}{5}\begin{pmatrix} 2 \\ 6 \\ 4 \\ 8 \end{pmatrix} + \frac{1}{5}\begin{pmatrix} 1 \\ 8 \\ 7 \\ 9 \end{pmatrix} = \frac{2}{5}\boldsymbol{a}_1 + \frac{1}{5}\boldsymbol{a}_2$$

$$\boldsymbol{a}_4 = \begin{pmatrix} -2 \\ -10 \\ -8 \\ -12 \end{pmatrix} = -\frac{3}{5}\begin{pmatrix} 2 \\ 6 \\ 4 \\ 8 \end{pmatrix} - \frac{4}{5}\begin{pmatrix} 1 \\ 8 \\ 7 \\ 9 \end{pmatrix} = -\frac{3}{5}\boldsymbol{a}_1 - \frac{4}{5}\boldsymbol{a}_2$$

と表される.

問 4.9 (1) $\dim W = 2$, $W = \mathrm{span}\left\{ \begin{pmatrix} -2 \\ -4 \\ 1 \\ 0 \end{pmatrix}, \begin{pmatrix} 1 \\ 4 \\ 0 \\ 1 \end{pmatrix} \right\}$, 基底は, 例えば, $\left\{ \begin{pmatrix} -2 \\ -4 \\ 1 \\ 0 \end{pmatrix}, \begin{pmatrix} 1 \\ 4 \\ 0 \\ 1 \end{pmatrix} \right\}$.

(2) $\dim W = 2$, $W = \mathrm{span}\left\{ \begin{pmatrix} -2 \\ -4 \\ 1 \\ 0 \end{pmatrix}, \begin{pmatrix} 1 \\ 4 \\ 0 \\ 1 \end{pmatrix} \right\}$, 基底は, 例えば, $\left\{ \begin{pmatrix} -2 \\ -4 \\ 1 \\ 0 \end{pmatrix}, \begin{pmatrix} 1 \\ 4 \\ 0 \\ 1 \end{pmatrix} \right\}$.

(3) $\dim W = 2$, $W = \mathrm{span}\left\{\begin{pmatrix} 2 \\ -3 \\ 1 \\ 0 \end{pmatrix}, \begin{pmatrix} 6 \\ -7 \\ 0 \\ 1 \end{pmatrix}\right\}$, 基底は, 例えば,
$\left\{\begin{pmatrix} 2 \\ -3 \\ 1 \\ 0 \end{pmatrix}, \begin{pmatrix} 6 \\ -7 \\ 0 \\ 1 \end{pmatrix}\right\}$.

章末問題 4

1 (1) 恒等的に 0 という関数は W の元である。$f, g \in W$, $k \in \mathbb{R}$ とすると, $f(0) = g(0) = 0$ より, $(f+g)(0) = f(0) + g(0) = 0$, $(kf)(0) = kf(0) = 0$ である。同様に, $f(1) = g(1) = 0$ より, $(f+g)(1) = f(1) + g(1) = 0$, $(kf)(1) = kf(1) = 0$ である。以上より, W は $\mathbb{R}[x]_4$ の部分空間である。

(2) (1) と同様に W が $\mathbb{R}[x]_3$ の部分空間である事が示される。ただし, 確かめる条件は, $(f+g)'(2) = 0$, $(f+g)(1) = 0$, $(kf)'(2) = 0$, $(kf)(1) = 0$.

2 (1) $c_1 \begin{pmatrix} 1 \\ i \\ 2i \end{pmatrix} + c_2 \begin{pmatrix} i \\ 1 \\ 3 \end{pmatrix} = \boldsymbol{o}$ を満たす $c_i \in \mathbb{C}$ は $c_1 = c_2 = 0$ 以外にないので, 1次独立。

(2) $i\boldsymbol{a}_1 - \boldsymbol{a}_2 = \boldsymbol{o}$ であるので, 1次従属。

3 (1) 1次関係は $c_1 f_1(x) + c_2 f_2(x) + c_3 f_3(x) = 0$ に多項式を代入して, $\begin{pmatrix} 0 & 1 & 2 \\ 2 & 1 & -1 \\ 1 & 2 & 1 \end{pmatrix} \begin{pmatrix} c_1 \\ c_2 \\ c_3 \end{pmatrix} = \boldsymbol{o}$ となる。$\mathrm{rank} \begin{pmatrix} 0 & 1 & 2 \\ 2 & 1 & -1 \\ 1 & 2 & 1 \end{pmatrix} = 3$ より, 1次独立。

(2) 1次関係は $c_1 f_1(x) + c_2 f_2(x) + c_3 f_3(x) = 0$ に多項式を代入して, $\begin{pmatrix} 0 & 1 & 2 \\ 2 & 5 & 4 \\ 1 & 2 & 1 \end{pmatrix} \begin{pmatrix} c_1 \\ c_2 \\ c_3 \end{pmatrix} = \boldsymbol{o}$ となる。$\mathrm{rank} \begin{pmatrix} 0 & 1 & 2 \\ 2 & 5 & 4 \\ 1 & 2 & 1 \end{pmatrix} = 2$ より, 1次従属。

4 $(f_1(x), f_2(x), f_3(x), f_4(x)) = (1, x, x^2, x^3) \begin{pmatrix} 2 & 1 & 1 & -2 \\ 6 & 8 & 4 & -10 \\ 4 & 7 & 3 & -8 \\ 8 & 9 & 5 & -12 \end{pmatrix}$ となる。係数行列の形から, 問 4.8 と等価な問題である事が分かる。従って, $\mathrm{rank}(f_1, f_2, f_3, f_4) = 2$, 1次独立はベクトルの組して, $\{f_1, f_2\}$, 更に,
$$f_3(x) = \frac{2}{5} f_1(x) + \frac{1}{5} f_2(x), \quad f_4(x) = -\frac{3}{5} f_1(x) - \frac{4}{5} f_2(x).$$

5 $f(x) = a_0 + a_1 x + a_2 x^2 + a_3 x^3$, $f'(x) = a_1 + 2a_2 x + 3a_3 x^2$ とする。

4. 線形空間　　　　　　　　　　　　　　　　　　　　　　　　　　　179

(1) $f(1) = a_0 + a_1 + a_2 + a_3 = 0$, $f'(2) = a_1 + 4a_2 + 12a_3 = 0$ であるから，行列を用いると，

$$\begin{pmatrix} 1 & 1 & 1 & 1 \\ 0 & 1 & 4 & 12 \end{pmatrix} \begin{pmatrix} a_0 \\ a_1 \\ a_2 \\ a_3 \end{pmatrix} = \boldsymbol{o}$$

と表される。これを解くと，

$$\begin{pmatrix} a_0 \\ a_1 \\ a_2 \\ a_3 \end{pmatrix} = a_2 \begin{pmatrix} 3 \\ -4 \\ 1 \\ 0 \end{pmatrix} + a_3 \begin{pmatrix} 11 \\ -12 \\ 0 \\ 1 \end{pmatrix} = a_2 \boldsymbol{b}_1 + a_3 \boldsymbol{b}_2$$

となる。ここで，

$$\boldsymbol{b}_1 = \begin{pmatrix} 3 \\ -4 \\ 1 \\ 0 \end{pmatrix}, \quad \boldsymbol{b}_2 = \begin{pmatrix} 11 \\ -12 \\ 0 \\ 1 \end{pmatrix}$$

であり，a_2, a_3 は任意定数である。$\dim W = \dim \mathrm{span}\{\boldsymbol{b}_1, \boldsymbol{b}_2\} = 2$ である。$\boldsymbol{b}_1, \boldsymbol{b}_2$ に対応する多項式は，それぞれ $x^2 - 4x + 3$, $x^3 - 12x + 11$ である。これらの組が W の基底である。

(2) $f(1) = a_0 + a_1 + a_2 + a_3 = 0$, $f(2) = a_0 + 2a_1 + 4a_2 + 8a_3 = 0$

$$\begin{pmatrix} 1 & 1 & 1 & 1 \\ 1 & 2 & 4 & 8 \end{pmatrix} \begin{pmatrix} a_0 \\ a_1 \\ a_2 \\ a_3 \end{pmatrix} = \boldsymbol{o}$$

を考えればよい。これは，問 4.9(3) と等価な問題である。ゆえに，$\dim W = 2$ であり，$\{x^2 - 3x + 2, x^3 - 7x + 6\}$ が W の基底である。

6 (1) 定理 4.10 より，1 次独立であるためには $\det(\boldsymbol{a}_1, \boldsymbol{a}_2, \boldsymbol{a}_3, \boldsymbol{a}_4) \neq 0$ を示せばよい。行列式の計算は例 2.9 と同じ事から，$\det \begin{pmatrix} 6 & 1 & 0 & 8 \\ 4 & 9 & -1 & 0 \\ -2 & 0 & 0 & 4 \\ 3 & 8 & 2 & 1 \end{pmatrix} = -994$

であるので，$\{\boldsymbol{a}_1, \boldsymbol{a}_2, \boldsymbol{a}_3, \boldsymbol{a}_4\}$ は 1 次独立である。

(2) (1) と同様に $\det(\boldsymbol{a}_1, \boldsymbol{a}_2, \boldsymbol{a}_3, \boldsymbol{a}_4)$ を求めると，$\det \begin{pmatrix} 6 & 10 & 0 & 8 \\ 4 & 9 & -1 & 0 \\ -2 & 0 & 0 & 4 \\ 3 & 8 & 2 & 30 \end{pmatrix} = 0$ であるので，$\{\boldsymbol{a}_1, \boldsymbol{a}_2, \boldsymbol{a}_3, \boldsymbol{a}_4\}$ は 1 次従属である。

7 (1) 定理 4.10 より，1 次独立であるなら $\det(\boldsymbol{a}_1, \boldsymbol{a}_2, \boldsymbol{a}_3) \neq 0$ となる。

$$\det\begin{pmatrix} 2 & 1 & 1 \\ 1 & 2 & 1 \\ 1 & 1 & 2 \end{pmatrix} = 4$$

であるから, $\{\boldsymbol{a}_1, \boldsymbol{a}_2, \boldsymbol{a}_3\}$ は 1 次独立である. $\{\boldsymbol{a}_1, \boldsymbol{a}_2, \boldsymbol{a}_3\}$ が基底となる.

(2) 行列式を計算すると,

$$\det\begin{pmatrix} a & 1 & 1 \\ 1 & a & 1 \\ 1 & 1 & a \end{pmatrix} = \det\begin{pmatrix} a+2 & a+2 & a+2 \\ 1 & a & 1 \\ 1 & 1 & a \end{pmatrix}$$

$$= (a+2)\det\begin{pmatrix} 1 & 1 & 1 \\ 1 & a & 1 \\ 1 & 1 & a \end{pmatrix}$$

$$= (a+2)\det\begin{pmatrix} 1 & 1 & 1 \\ 0 & a-1 & 0 \\ 0 & 0 & a-1 \end{pmatrix} = (a+2)(a-1)^2$$

となる. よって, $a \neq 1, -2$ のとき, $\{\boldsymbol{a}_1, \boldsymbol{a}_2, \boldsymbol{a}_3\}$ は 1 次独立であから, $\dim W = 3$, 基底は $\{\boldsymbol{a}_1, \boldsymbol{a}_2, \boldsymbol{a}_3\}$ となる. $a = 1$ のとき, $\boldsymbol{a}_1 = \boldsymbol{a}_2 = \boldsymbol{a}_3 \neq \boldsymbol{o}$ であるので, $\dim W = 1$, 基底は $\{\boldsymbol{a}_1\}$ となる. $a = -2$ のとき, $\{\boldsymbol{a}_1, \boldsymbol{a}_2\}$ は 1 次独立で $\boldsymbol{a}_3 = -\boldsymbol{a}_1 - \boldsymbol{a}_2$ であるので, $\dim W = 2$, 基底は $\{\boldsymbol{a}_1, \boldsymbol{a}_2\}$ となる.

8 $x_j = X_j \sin \omega t$ を運動方程式に代入すると, X_j に関する連立方程式

$$\begin{pmatrix} k - M\omega^2 & -k & 0 \\ -k & 2k - m\omega^2 & -k \\ 0 & -k & k - M\omega^2 \end{pmatrix} \begin{pmatrix} X_1 \\ X_2 \\ X_3 \end{pmatrix} = \begin{pmatrix} 0 \\ 0 \\ 0 \end{pmatrix}$$

が得られる. これが, 非自明解を持つためには,

$$\det\begin{pmatrix} k - M\omega^2 & -k & 0 \\ -k & 2k - m\omega^2 & -k \\ 0 & -k & k - M\omega^2 \end{pmatrix} \begin{pmatrix} X_1 \\ X_2 \\ X_3 \end{pmatrix} = 0$$

が必要である. これを $\omega (\geqq 0)$ について解いて,

$$\omega = 0, \quad \sqrt{\frac{k}{m}}, \quad \sqrt{\frac{k(m+2M)}{mM}}$$

となる. これを改めて連立方程式に代入すると,

$$\omega = 0 \text{ のとき,} \begin{pmatrix} X_1 \\ X_2 \\ X_3 \end{pmatrix} = c \begin{pmatrix} 1 \\ 1 \\ 1 \end{pmatrix} \quad (c \neq 0),$$

$$\omega = \sqrt{\frac{k}{m}} \text{ のとき,} \begin{pmatrix} X_1 \\ X_2 \\ X_3 \end{pmatrix} = c \begin{pmatrix} 1 \\ 0 \\ -1 \end{pmatrix} \quad (c \neq 0),$$

4. 線形空間   181

$$\omega = \sqrt{\frac{k(m+2M)}{mM}} \text{ のとき, } \begin{pmatrix} X_1 \\ X_2 \\ X_3 \end{pmatrix} = c \begin{pmatrix} m \\ -2M \\ m \end{pmatrix} \quad (c \neq 0)$$

が得られる。
注意 以上のように，3つの質点の直線上での振動には，3つの固有振動数が存在することがわかる。$\omega = 0$ のときは，3つの質点が同方向かつ同変位することを示す。$\omega = \sqrt{\frac{k}{m}}$ のときは，両端の質点が互いに中央の質点に向かって変位することを示している。このとき，中央の質点は変位しない。$\omega = \sqrt{\frac{k(m+2M)}{mM}}$ のときは，変位は質点の質量に依存し，向きは，中心の質点が両端の質点とは反対方向である。

9 分子軌道は，
$$\varphi = c_1\phi_1 + c_2\phi_2 + c_3\phi_3 + c_4\phi_4$$
と表される。ϕ_1 と ϕ_2, ϕ_2 と ϕ_3, ϕ_3 と ϕ_4 が1次結合して分子軌道を形成するので，例題 4.24 と同様にして，E は
$$\det \begin{pmatrix} \alpha-E & \beta & 0 & 0 \\ \beta & \alpha-E & \beta & 0 \\ 0 & \beta & \alpha-E & \beta \\ 0 & 0 & \beta & \alpha-E \end{pmatrix} = 0$$
より求められることがわかる。$(\alpha-E)/\beta = x$ とおくと，
$$\det \begin{pmatrix} x & 1 & 0 & 0 \\ 1 & x & 1 & 0 \\ 0 & 1 & x & 1 \\ 0 & 0 & 1 & x \end{pmatrix} = 0$$
となる。これより，
$$x^4 - 3x^2 + 1 = 0$$
となる。これを解いて，
$$x = \frac{-1 \pm \sqrt{5}}{2}, \quad \frac{1 \pm \sqrt{5}}{2}$$
となる。ゆえに，
$$E = \alpha + \frac{1+\sqrt{5}}{2}\beta, \quad \alpha + \frac{-1+\sqrt{5}}{2}\beta, \quad \alpha + \frac{1-\sqrt{5}}{2}\beta, \quad \alpha + \frac{-1-\sqrt{5}}{2}\beta$$
が得られる。
注意 このように，4つの同一の原子が直線的に1次結合すると，4つの異なるエネルギー準位をもつ分子軌道が生成する。

5. 行列の対角化・Jordan の標準形

問 5.1 略.

問 5.2 略.

問 5.3 略.

問 5.4 (1) $\dfrac{1}{\sqrt{3}}\begin{pmatrix} 1 \\ 1 \\ 1 \end{pmatrix}, \dfrac{1}{\sqrt{6}}\begin{pmatrix} -2 \\ 1 \\ 1 \end{pmatrix}, \dfrac{1}{\sqrt{2}}\begin{pmatrix} 0 \\ -1 \\ 1 \end{pmatrix},$

(2) $\dfrac{1}{\sqrt{2}}\begin{pmatrix} 0 \\ -1 \\ 1 \end{pmatrix}, \dfrac{1}{\sqrt{22}}\begin{pmatrix} 2 \\ 3 \\ 3 \end{pmatrix}, \dfrac{1}{\sqrt{11}}\begin{pmatrix} 3 \\ -1 \\ -1 \end{pmatrix}.$

(3) $\dfrac{1}{\sqrt{3}}\begin{pmatrix} -1 \\ 1 \\ 1 \end{pmatrix}, \dfrac{1}{\sqrt{42}}\begin{pmatrix} 5 \\ 4 \\ 1 \end{pmatrix}, \dfrac{1}{\sqrt{14}}\begin{pmatrix} 1 \\ -2 \\ 3 \end{pmatrix}.$

(4) $\dfrac{1}{2}\begin{pmatrix} 1 \\ 1 \\ 1 \\ 1 \end{pmatrix}, \dfrac{1}{2\sqrt{3}}\begin{pmatrix} 1 \\ 1 \\ 1 \\ -3 \end{pmatrix}, \dfrac{1}{\sqrt{6}}\begin{pmatrix} 1 \\ 1 \\ -2 \\ 0 \end{pmatrix}, \dfrac{1}{\sqrt{2}}\begin{pmatrix} 1 \\ -1 \\ 0 \\ 0 \end{pmatrix}.$

(5) $\dfrac{1}{\sqrt{3}}\begin{pmatrix} 1 \\ 1 \\ 1 \\ 0 \end{pmatrix}, \begin{pmatrix} 0 \\ 0 \\ 0 \\ 1 \end{pmatrix}, \dfrac{1}{\sqrt{6}}\begin{pmatrix} 2 \\ -1 \\ -1 \\ 0 \end{pmatrix}, \dfrac{1}{\sqrt{2}}\begin{pmatrix} 0 \\ 1 \\ -1 \\ 0 \end{pmatrix}.$

(6) $\dfrac{1}{2}\begin{pmatrix} 1 \\ 1 \\ 1 \\ 1 \end{pmatrix}, \dfrac{1}{2}\begin{pmatrix} 1 \\ 1 \\ -1 \\ -1 \end{pmatrix}, \dfrac{1}{\sqrt{2}}\begin{pmatrix} 0 \\ 0 \\ 1 \\ -1 \end{pmatrix}, \dfrac{1}{\sqrt{2}}\begin{pmatrix} 1 \\ -1 \\ 0 \\ 0 \end{pmatrix}.$

問 5.5 (1) $\pm 1, 8,$ (2) $\begin{pmatrix} 1 \\ 0 \\ 1 \end{pmatrix}.$

問 5.6 与行列を A, 固有多項式を $\Phi_A(\lambda)$, 対角化するような正則行列を P, A の対角化を $P^{-1}AP$ とし, 答のみ記す.

(1) $\Phi_A(\lambda) = (\lambda+1)(\lambda-3),$
$$P = \begin{pmatrix} -1 & -1 \\ 1 & 5 \end{pmatrix}, P^{-1}AP = \begin{pmatrix} -1 & 0 \\ 0 & 3 \end{pmatrix}.$$

(2) $\Phi_A(\lambda) = (\lambda+4)(\lambda-2),$
$$P = \begin{pmatrix} 1 & 1 \\ 7 & 1 \end{pmatrix}, P^{-1}AP = \begin{pmatrix} -4 & 0 \\ 0 & 2 \end{pmatrix}.$$

(3) $\Phi_A(\lambda) = \lambda(\lambda-1)^2$,
$$P = \begin{pmatrix} -1 & -1 & 0 \\ -1 & -2 & -1 \\ 2 & 3 & 2 \end{pmatrix}, \quad P^{-1}AP = \begin{pmatrix} 0 & 0 & 0 \\ 0 & 1 & 0 \\ 0 & 0 & 1 \end{pmatrix}.$$

(4) $\Phi_A(\lambda) = \lambda(\lambda-2)(\lambda-3)$,
$$P = \begin{pmatrix} 1 & 2 & 1 \\ 0 & 1 & -1 \\ 1 & 1 & 1 \end{pmatrix}, \quad P^{-1}AP = \begin{pmatrix} 0 & 0 & 0 \\ 0 & 2 & 0 \\ 0 & 0 & 3 \end{pmatrix}.$$

(5) $\Phi_A(\lambda) = (\lambda-3)^2(\lambda-4)^2$,
$$P = \begin{pmatrix} 1 & 0 & 1 & 0 \\ 0 & -2 & -1 & -1 \\ -1 & 1 & 0 & 1 \\ 1 & 0 & 2 & 0 \end{pmatrix}, \quad P^{-1}AP = \begin{pmatrix} 3 & 0 & 0 & 0 \\ 0 & 3 & 0 & 0 \\ 0 & 0 & 4 & 0 \\ 0 & 0 & 0 & 4 \end{pmatrix}.$$

問 5.7 与行列を A, 固有多項式を $\Phi_A(\lambda)$, 対角化するような直交行列を P, A の対角化を $P^{-1}AP$ とし, 答のみ記す.

(1) $\Phi_A(\lambda) = \lambda^2(\lambda-3)$,
$$P = \frac{1}{\sqrt{6}}\begin{pmatrix} -\sqrt{3} & -1 & \sqrt{2} \\ \sqrt{3} & -1 & \sqrt{2} \\ 0 & 2 & \sqrt{2} \end{pmatrix}, \quad P^{-1}AP = \begin{pmatrix} 0 & 0 & 0 \\ 0 & 0 & 0 \\ 0 & 0 & 3 \end{pmatrix}.$$

(2) $\Phi_A(\lambda) = (\lambda+2)^2(\lambda-4)$,
$$P = \frac{1}{\sqrt{30}}\begin{pmatrix} \sqrt{6} & 2 & 2\sqrt{5} \\ \sqrt{0} & 5 & -\sqrt{5} \\ -2\sqrt{6} & 1 & \sqrt{5} \end{pmatrix}, \quad P^{-1}AP = \begin{pmatrix} -2 & 0 & 0 \\ 0 & -2 & 0 \\ 0 & 0 & 4 \end{pmatrix}.$$

(3) $\Phi_A(\lambda) = (\lambda+2)(\lambda-11)$,
$$P = \frac{1}{\sqrt{13}}\begin{pmatrix} -3 & 2 \\ 2 & 3 \end{pmatrix}, \quad P^{-1}AP = \begin{pmatrix} -2 & 0 \\ 0 & 11 \end{pmatrix}.$$

(4) $\Phi_A(\lambda) = \lambda^2(\lambda-3)(\lambda+9)$,
$$P = \frac{1}{\sqrt{3}}\begin{pmatrix} 1 & 1 & -1 & 0 \\ 1 & 0 & 1 & -1 \\ 1 & -1 & 0 & 1 \\ 0 & 1 & 1 & 1 \end{pmatrix}, \quad P^{-1}AP = \begin{pmatrix} 0 & 0 & 0 & 0 \\ 0 & 0 & 0 & 0 \\ 0 & 0 & 3 & 0 \\ 0 & 0 & 0 & -9 \end{pmatrix}.$$

(5) $\Phi_A(\lambda) = \lambda^2(\lambda+2)(\lambda-2)$,
$$P = \frac{1}{2}\begin{pmatrix} 1 & 1 & 1 & 1 \\ 1 & -1 & 1 & -1 \\ 1 & 1 & -1 & -1 \\ 1 & -1 & -1 & 1 \end{pmatrix}, \quad P^{-1}AP = \begin{pmatrix} 2 & 0 & 0 & 0 \\ 0 & -2 & 0 & 0 \\ 0 & 0 & 0 & 0 \\ 0 & 0 & 0 & 0 \end{pmatrix}.$$

問 5.8 2 次形式で表すと,

$$(x\ y)\begin{pmatrix} 4 & -3 \\ -3 & -4 \end{pmatrix}\begin{pmatrix} x \\ y \end{pmatrix} = 5$$

となる。左辺に現れる行列 A の固有値と固有ベクトルを求めると, 固有値 5, 固有ベクトル $\begin{pmatrix} 3 \\ -1 \end{pmatrix}$, 及び, 固有値 -5, 固有ベクトル $\begin{pmatrix} \sqrt{1} \\ 3 \end{pmatrix}$ となる。固有ベクトルを Schmidt の方法で, 正規直交化して, $\boldsymbol{u}_1 = \dfrac{1}{\sqrt{10}}\begin{pmatrix} 3 \\ -1 \end{pmatrix}$, $\boldsymbol{u}_2 = \dfrac{1}{\sqrt{10}}\begin{pmatrix} 1 \\ 3 \end{pmatrix}$ となる。$U = (\boldsymbol{u}_1, \boldsymbol{u}_2)$ とおくと, これは, 原点の周りの $-\arcsin \dfrac{1}{\sqrt{10}}$ の回転を表す行列である。$U^{-1}AU = \begin{pmatrix} 5 & 0 \\ 0 & -5 \end{pmatrix}$ となる。$\begin{pmatrix} X \\ Y \end{pmatrix} = U^{-1}\begin{pmatrix} x \\ y \end{pmatrix}$ とおくと,

$$5 = (x\ y)A\begin{pmatrix} x \\ y \end{pmatrix} = (X\ Y)U^{-1}AU\begin{pmatrix} X \\ Y \end{pmatrix} = 5X^2 - 5Y^2$$

となる。すなわち, 曲線は XY 座標で見れば双曲線 $X^2 - Y^2 = 1$ である。ゆえに, xy 座標で見れば, これを $-\arcsin \dfrac{1}{\sqrt{10}}$ だけ回転して得られるものである (図 A.1)。

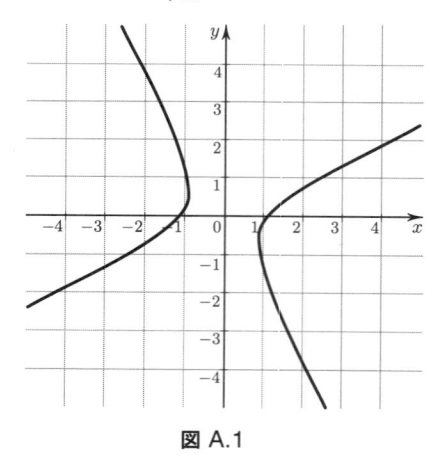

図 A.1

章末問題 5

1 2 次直交行列を, $T = \begin{pmatrix} a & b \\ c & d \end{pmatrix}$ とおく。${}^tTT = E$ より, $a^2+c^2=1$, $ab+cd=0$, $b^2+d^2=1$ を得る。第 1 式より, $a=\cos\theta$, $c=\sin\theta$ とおくことができる。これを, 第 2 式に代入して, $b=-r\sin\theta$, $d=r\cos\theta$ とおくことができる。これを第 3 式に代入して, $r=\pm 1$ を得る。また, T がこの形のときは直交行列の条件を満たしている。

2 A が Hermite 行列である場合を示す。実対称行列である場合も同様である。

(1) α を A の固有値, $\boldsymbol{x}$ を α に対する固有ベクトルとすると, $A\boldsymbol{x} = \alpha\boldsymbol{x}$ が成り立つ。${}^tA = \overline{A}$ であることより,

$$\alpha\|\boldsymbol{x}\|^2 = {}^t(\alpha\boldsymbol{x})\overline{\boldsymbol{x}} = {}^t(A\boldsymbol{x})\overline{\boldsymbol{x}} = {}^t\boldsymbol{x}{}^tA\overline{\boldsymbol{x}} = {}^t\boldsymbol{x}\overline{A\boldsymbol{x}} = {}^t\boldsymbol{x}\overline{\alpha\boldsymbol{x}} = \overline{\alpha}\|\boldsymbol{x}\|^2$$

となる。$\boldsymbol{x} \neq \boldsymbol{o}$ であるので, $\alpha = \overline{\alpha}$, すなわち, α は実数となる。

(2) α, β を A の異なる固有値, $\boldsymbol{x}, \boldsymbol{y}$ をそれぞれ α, β に対する固有ベクトルとする。このとき, $A\boldsymbol{x} = \alpha\boldsymbol{x}$, $A\boldsymbol{y} = \beta\boldsymbol{y}$ が成り立つ。α, β が実数であることと ${}^tA = \overline{A}$ であることより,

$$\alpha\boldsymbol{x} \cdot \boldsymbol{y} = {}^t(\alpha\boldsymbol{x})\overline{\boldsymbol{y}} = {}^t(A\boldsymbol{x})\overline{\boldsymbol{y}} = {}^t\boldsymbol{x}{}^tA\overline{\boldsymbol{y}} = {}^t\boldsymbol{x}\overline{A\boldsymbol{y}} = {}^t\boldsymbol{x}\overline{\beta\boldsymbol{y}} = \beta\boldsymbol{x} \cdot \boldsymbol{y}$$

となる。したがって, $\alpha\boldsymbol{x} \cdot \boldsymbol{y} = \beta\boldsymbol{x} \cdot \boldsymbol{y}$ を得るが, $\alpha \neq \beta$ より, $\boldsymbol{x} \cdot \boldsymbol{y} = 0$, すなわち, $\boldsymbol{x}$ と $\boldsymbol{y}$ は直交する。

3 与行列を A, 固有多項式を $\Phi_A(\lambda)$, 対角化するような正則行列を P, A の対角化を $P^{-1}AP$ とし, 答のみ記す。

(1) $\Phi_A(\lambda) = \lambda\{\lambda - (a+b)\}$,
$$P = \begin{pmatrix} 1 & a \\ -1 & b \end{pmatrix}, \quad P^{-1}AP = \begin{pmatrix} 0 & 0 \\ 0 & a+b \end{pmatrix}.$$

(2) $\Phi_A(\lambda) = \{\lambda - (\cos\theta + i\sin\theta)\}\{\lambda - (\cos\theta - i\sin\theta)\}$,
$$P = \begin{pmatrix} 1 & 1 \\ -i & i \end{pmatrix}, \quad P^{-1}AP = \begin{pmatrix} \cos\theta + i\sin\theta & 0 \\ 0 & \cos\theta - i\sin\theta \end{pmatrix}.$$

(3) $\Phi_A(\lambda) = (\lambda - 2)^2(\lambda - 3)$,
$$P = \begin{pmatrix} 1 & 0 & -2 \\ 2 & 2 & -1 \\ 0 & 1 & 1 \end{pmatrix}, \quad P^{-1}AP = \begin{pmatrix} 2 & 0 & 0 \\ 0 & 2 & 0 \\ 0 & 0 & 3 \end{pmatrix}.$$

(4) $\Phi_A(\lambda) = (\lambda - 2)(\lambda - 3)(\lambda - 4)$,
$$P = \begin{pmatrix} 0 & -1 & 1 \\ -2 & 1 & -3 \\ 1 & 0 & 1 \end{pmatrix}, \quad P^{-1}AP = \begin{pmatrix} 2 & 0 & 0 \\ 0 & 3 & 0 \\ 0 & 0 & 4 \end{pmatrix}.$$

(5) $\Phi_A(\lambda) = (\lambda - 2)^2(\lambda - 3)^2$,
$$P = \begin{pmatrix} -1 & 0 & -1 & -1 \\ 1 & -2 & 1 & 0 \\ 1 & 0 & 2 & 1 \\ 0 & 1 & 0 & 1 \end{pmatrix}, \quad P^{-1}AP = \begin{pmatrix} 2 & 0 & 0 & 0 \\ 0 & 2 & 0 & 0 \\ 0 & 0 & 3 & 0 \\ 0 & 0 & 0 & 3 \end{pmatrix}.$$

4 与行列を A, 固有多項式を $\Phi_A(\lambda)$, 対角化するような直交行列を P, A の対角化を $P^{-1}AP$ とし, 答のみ記す。

(1) $\Phi_A(\lambda) = \{\lambda - (a+b)\}\{\lambda - (a-b)\}$,

$$P = \frac{1}{\sqrt{2}} \begin{pmatrix} 1 & -1 \\ 1 & 1 \end{pmatrix}, \ P^{-1}AP = \begin{pmatrix} a+b & 0 \\ 0 & a-b \end{pmatrix}.$$

(2) $\Phi_A(\lambda) = (\lambda-1)(\lambda+1)$,
$$P = \begin{pmatrix} \cos\frac{\theta}{2} & -\sin\frac{\theta}{2} \\ \sin\frac{\theta}{2} & \cos\frac{\theta}{2} \end{pmatrix}, \ P^{-1}AP = \begin{pmatrix} 1 & 0 \\ 0 & -1 \end{pmatrix}.$$

(3) $\Phi_A(\lambda) = \lambda(\lambda-3)(\lambda-6)$,
$$P = \frac{1}{3}\begin{pmatrix} 1 & -2 & 2 \\ 2 & -1 & -2 \\ 2 & 2 & 1 \end{pmatrix}, \ P^{-1}AP = \begin{pmatrix} 0 & 0 & 0 \\ 0 & 3 & 0 \\ 0 & 0 & 6 \end{pmatrix}.$$

(4) $\Phi_A(\lambda) = \lambda(\lambda-\sqrt{2})(\lambda-2\sqrt{2})$,
$$P = \frac{1}{2}\begin{pmatrix} 1 & \sqrt{2} & 1 \\ -\sqrt{2} & 0 & \sqrt{2} \\ 1 & -\sqrt{2} & 1 \end{pmatrix}, \ P^{-1}AP = \begin{pmatrix} 0 & 0 & 0 \\ 0 & \sqrt{2} & 0 \\ 0 & 0 & 2\sqrt{2} \end{pmatrix}.$$

(5) $\Phi_A(\lambda) = \{\lambda-(n-1)\}(\lambda+1)^{n-1}$,
$$P = \begin{pmatrix} \frac{1}{\sqrt{n}} & -\frac{1}{\sqrt{2}} & -\frac{1}{\sqrt{6}} & \cdots & \cdots & -\frac{1}{\sqrt{n(n-1)}} \\ \frac{1}{\sqrt{n}} & \frac{1}{\sqrt{2}} & -\frac{1}{\sqrt{6}} & \cdots & \cdots & -\frac{1}{\sqrt{n(n-1)}} \\ \vdots & 0 & \frac{2}{\sqrt{6}} & \cdots & \cdots & -\frac{1}{\sqrt{n(n-1)}} \\ \vdots & \vdots & 0 & \ddots & & \vdots \\ \vdots & \vdots & \vdots & \ddots & \ddots & -\frac{1}{\sqrt{n(n-1)}} \\ \frac{1}{\sqrt{n}} & 0 & 0 & \cdots & 0 & \frac{n-1}{\sqrt{n(n-1)}} \end{pmatrix},$$

$$P^{-1}AP = \begin{pmatrix} n-1 & & & & O \\ & -1 & & & \\ & & -1 & & \\ & & & \ddots & \\ O & & & & -1 \end{pmatrix}.$$

5 A を n 次正則行列 P により, Jordan 標準形 $P^{-1}AP$ に変形する. そのとき, $P^{-1}AP$ は上三角行列で, 対角成分に A の固有値 $\alpha_1, \alpha_2, \cdots, \alpha_n$ が並ぶ. $(P^{-1}AP)^k = P^{-1}A^kP$ は上三角行列で, 対角成分に $\alpha_1^k, \alpha_2^k, \cdots, \alpha_n^k$ が並ぶことに注意すると,

$$\begin{aligned} f(P^{-1}AP) &= c_0(P^{-1}AP)^m + c_1(P^{-1}AP)^{m-1} + \cdots + c_{m-1}P^{-1}AP + c_m E \\ &= c_0 P^{-1}A^m P + c_1 P^{-1}A^{m-1}P + \cdots + c_{m-1}P^{-1}AP + c_m E \\ &= P^{-1}f(A)P \end{aligned}$$

は上三角行列で, 対角成分に $f(\alpha_1), f(\alpha_2), \cdots, f(\alpha_n)$ が並ぶ. $f(A)$ の固有値と

$P^{-1}f(A)P$ の固有値に一致するので，$f(\alpha_1)$, $f(\alpha_2)$, $\cdots$, $f(\alpha_n)$ は $f(A)$ の固有値である。

6

(1) J の固有多項式は，$\Phi_J(\lambda) = \lambda^n - 1$ であるから，J の固有値は，
$$\omega_k = \cos\frac{2k\pi}{n} + i\sin\frac{2k\pi}{n} \ (k=0,\ 1,\ 2,\ \cdots,\ n-1)$$
である。これより，J を対角化するような行列 P は，
$$P = \begin{pmatrix} 1 & 1 & 1 & \cdots & 1 \\ 1 & \omega_1 & \omega_2 & \cdots & \omega_{n-1} \\ 1 & \omega_1^2 & \omega_2^2 & \cdots & \omega_{n-1}^2 \\ \vdots & \vdots & \vdots & \ddots & \vdots \\ 1 & \omega_1^{n-1} & \omega_2^{n-1} & \cdots & \omega_{n-1}^{n-1} \end{pmatrix}$$
となり，P によって，J を対角化すると，
$$P^{-1}JP = \begin{pmatrix} 1 & & & & O \\ & \omega_1 & & & \\ & & \omega_2 & & \\ & & & \ddots & \\ O & & & & \omega_{n-1} \end{pmatrix}$$
となる。

(2) 略.

(3) 章末問題 **5** と同じように考えて，
$$\begin{aligned} P^{-1}AP &= P^{-1}f(J)P \\ &= f(P^{-1}JP) \\ &= \begin{pmatrix} f(1) & & & & O \\ & f(\omega_1) & & & \\ & & f(\omega_2) & & \\ & & & \ddots & \\ O & & & & f(\omega_{n-1}) \end{pmatrix} \end{aligned}$$
が成り立つので，$A = f(J)$ は P により対角化できる。また，A の固有値は，$f(1)$, $f(\omega_1)$, $f(\omega_2)$, $\cdots$, $f(\omega_{n-1})$ である。

7 (1) $A\boldsymbol{x}_\theta$ の第 k 成分 $(k=1,\ 2,\ \cdots,\ n-1)$ は，
$$\sin(k-1)\theta + \sin(k+1)\theta = 2\sin k\theta\cos\theta$$
であり，第 n 成分は，
$$\sin(n-1)\theta = 2\sin n\theta\cos\theta - \sin(n+1)\theta$$
である。ここで，$\sin(n+1)\theta = 0$ のときに，

$$Ax_\theta = 2\cos\theta\, x_\theta$$

が成り立つことがわかる．したがって，$\theta_k = \dfrac{k\pi}{n+1}$ $(k=1,\ 2,\ \cdots,\ n)$ のとき，$x_{\theta_k}(\neq o)$ は固有ベクトルで，そのときの固有値は $2\cos\theta_k$ である．

(2) 固有値 $2\cos\theta_k = 2\cos\dfrac{k\pi}{n+1}$ $(k=1,\ 2,\ \cdots,\ n)$ は相異なるので，固有ベクトル x_{θ_k} $(k=1,\ 2,\ \cdots,\ n)$ は一次独立である．したがって，A を対角化する正則行列は，

$$P = (x_{\theta_1}\ x_{\theta_2}\ \cdots\ x_{\theta_n})$$

$$= \begin{pmatrix} \sin\frac{\pi}{n+1} & \sin\frac{2\pi}{n+1} & \cdots & \sin\frac{(n-1)\pi}{n+1} & \sin\frac{n\pi}{n+1} \\ \sin\frac{2\pi}{n+1} & \sin\frac{4\pi}{n+1} & \cdots & \sin\frac{2(n-1)\pi}{n+1} & \sin\frac{2n\pi}{n+1} \\ \vdots & \vdots & & \vdots & \vdots \\ \sin\frac{(n-1)\pi}{n+1} & \sin\frac{2(n-1)\pi}{n+1} & \cdots & \sin\frac{(n-1)^2\pi}{n+1} & \sin\frac{(n-1)n\pi}{n+1} \\ \sin\frac{n\pi}{n+1} & \sin\frac{2n\pi}{n+1} & \cdots & \sin\frac{n(n-1)\pi}{n+1} & \sin\frac{n^2\pi}{n+1} \end{pmatrix}$$

で与えられる．このとき，

$$P^{-1}AP = \begin{pmatrix} 2\cos\frac{\pi}{n+1} & & & O \\ & 2\cos\frac{2\pi}{n+1} & & \\ & & \ddots & \\ O & & & 2\cos\frac{n\pi}{n+1} \end{pmatrix}$$

となる．

8 (1) 実ベクトル x と実対称行列 A を

$$x = \begin{pmatrix} x_1 \\ x_2 \end{pmatrix},\ A = \begin{pmatrix} 1 & 2 \\ 2 & -2 \end{pmatrix}$$

とおくと，

$$F(x_1, x_2) = {}^t\!xAx$$

と表すことができる．ここで，実対称行列 A を直交行列 P によって対角化すると，

$$P = \frac{1}{\sqrt{5}}\begin{pmatrix} 2 & -1 \\ 1 & 2 \end{pmatrix},\ P^{-1}AP = \begin{pmatrix} 2 & 0 \\ 0 & -3 \end{pmatrix}$$

となる．したがって，$x = Py$ と変数変換すれば，

$$F(x_1, x_2) = {}^t\!xAx = {}^t\!y(P^{-1}AP)y = 2y_1^2 - 3y_2^2$$

となる．この 2 次形式の符号は $(1, 1)$ である．

(2) 実ベクトル x と実対称行列 A を

$$x = \begin{pmatrix} x_1 \\ x_2 \\ x_3 \end{pmatrix},\ A = \begin{pmatrix} 0 & 1 & 1 \\ 1 & 0 & 1 \\ 1 & 1 & 0 \end{pmatrix}$$

5. 行列の対角化・Jordan の標準形　　　　　　　　　　　　　　　　　　　　189

とおくと，
$$F(x_1, x_2, x_3) = {}^t\boldsymbol{x}A\boldsymbol{x}$$

と表すことができる。ここで，実対称行列 A を直交行列 P によって対角化すると，

$$P = \frac{1}{\sqrt{6}}\begin{pmatrix} \sqrt{2} & -2 & 0 \\ \sqrt{2} & 1 & -\sqrt{3} \\ \sqrt{2} & 1 & \sqrt{3} \end{pmatrix}, \quad P^{-1}AP = \begin{pmatrix} 2 & 0 & 0 \\ 0 & -1 & 0 \\ 0 & 0 & -1 \end{pmatrix}$$

となる。したがって，$\boldsymbol{x} = P\boldsymbol{y}$ と変数変換すれば，

$$F(x_1, x_2, x_3) = {}^t\boldsymbol{x}A\boldsymbol{x} = {}^t\boldsymbol{y}(P^{-1}AP)\boldsymbol{y} = 2y_1^2 - y_2^2 - y_3^2$$

となる。この2次形式の符号は $(1, 2)$ である。

(3) 実ベクトル $\boldsymbol{x}$ と実対称行列 A を

$$\boldsymbol{x} = \begin{pmatrix} x_1 \\ x_2 \\ x_3 \end{pmatrix}, \quad A = \begin{pmatrix} 2 & -4 & 2 \\ -4 & 2 & -2 \\ 2 & -2 & -1 \end{pmatrix}$$

とおくと，
$$F(x_1, x_2, x_3) = {}^t\boldsymbol{x}A\boldsymbol{x}$$

と表すことができる。ここで，実対称行列 A を直交行列 P によって対角化すると，

$$P = \frac{1}{3\sqrt{2}}\begin{pmatrix} 2\sqrt{2} & -1 & 3 \\ -2\sqrt{2} & 1 & 3 \\ \sqrt{2} & 4 & 0 \end{pmatrix}, \quad P^{-1}AP = \begin{pmatrix} 7 & 0 & 0 \\ 0 & -2 & 0 \\ 0 & 0 & -2 \end{pmatrix}.$$

となる。したがって，$\boldsymbol{x} = P\boldsymbol{y}$ と変数変換すれば，

$$F(x_1, x_2, x_3) = {}^t\boldsymbol{x}A\boldsymbol{x} = {}^t\boldsymbol{y}(P^{-1}AP)\boldsymbol{y} = 7y_1^2 - 2y_2^2 - 2y_3^2$$

となる。この2次形式の符号は $(1, 2)$ である。

9 2次形式で表すと，

$$(x \ y)\begin{pmatrix} 7 & 3\sqrt{3} \\ 3\sqrt{3} & 13 \end{pmatrix}\begin{pmatrix} x \\ y \end{pmatrix} = 16$$

となる。左辺に現れる行列 A の固有値と固有ベクトルを求めると，固有値 16，固有ベクトル $\begin{pmatrix} 1 \\ \sqrt{3} \end{pmatrix}$，および，固有値 4，固有ベクトル $\begin{pmatrix} -\sqrt{3} \\ 1 \end{pmatrix}$ となる。固有ベクトルを Schmidt の方法で，正規直交化して，

$$\boldsymbol{u}_1 = \frac{1}{2}\begin{pmatrix} 1 \\ \sqrt{3} \end{pmatrix}, \quad \boldsymbol{u}_2 = \frac{1}{2}\begin{pmatrix} -\sqrt{3} \\ 1 \end{pmatrix}$$

となる。$U = (\boldsymbol{u}_1, \boldsymbol{u}_2)$ とおくと，これは，原点の周りの $\frac{\pi}{3}$ の回転を表す行列であり，

$U^{-1}AU = \begin{pmatrix} 16 & 0 \\ 0 & 4 \end{pmatrix}$ となる。$\begin{pmatrix} X \\ Y \end{pmatrix} = U^{-1} \begin{pmatrix} x \\ y \end{pmatrix}$ とおくと,

$$16 = (x\ y)A\begin{pmatrix} x \\ y \end{pmatrix} = (X\ Y)U^{-1}AU\begin{pmatrix} X \\ Y \end{pmatrix} = 16X^2 + 4Y^2$$

となる。すなわち,曲線は XY 座標で見れば楕円 $X^2 + \dfrac{Y^2}{2^2} = 1$ である。ゆえに,xy 座標で見れば,これを $\frac{\pi}{3}$ だけ回転して得られるものである (図 A.2)。

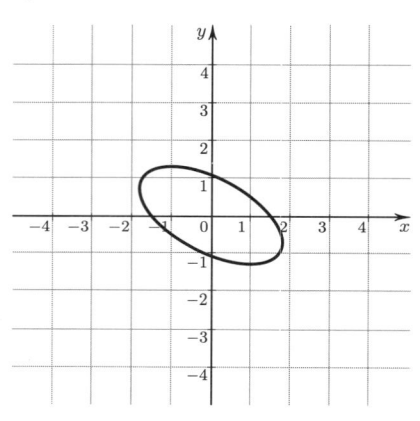

図 A.2

索　引

あ　行

(i,j) 成分　23
アファイン変換　158
1次変換を表す行列　34
1次関係　103
1次結合　103
1次従属　103
1次独立　103
1次変換　34
位置ベクトル　15
Vandermonde の行列式　70
上三角行列　30
n 次の正方行列　23
n 次のベクトル　23
n 乗　27
$m \times n$ 行列　23
m 行 n 列の行列　23
Hermite 行列　31
演算　24
Euler の公式　7

か　行

解空間　79
階数　80
外積　12
階段行列　80
解の自由度　119
Gauss 平面　3
拡大係数行列　73, 75
基底　116
基本ベクトル　10, 108
逆行列　31

逆転公式　66
逆ベクトル　9
球　19
球面　19
球面のベクトル方程式　19
球面の方程式　19
行　22
行基本変形　73
共役転置行列　31
共役な複素数　2
行列　22
行列式　42, 45
極形式　4
虚軸　3
虚数　1
虚数単位　1
虚部　1
Cramer の公式　93
係数体　99
係数行列　38, 73, 74
Cayley-Hamilton の定理　40
元　99
合成　37
交代行列　30
固有空間　137
固有多項式　135
固有値　136
固有ベクトル　137

さ　行

Sarrus の法則　46
三角不等式　129

下三角行列　30
実軸　3
実対称行列　31
実部　1
始点　9
集合　99
終点　9
実数体　99
Schmidt の直交化法　132
Schwarz の不等式　128
純虚数　1
Jordan 細胞　163
Jordan 標準形　164
Sylvester の慣性の法則　156
Sylvester 標準形　157
随伴行列　31
スカラー三重積　14
スカラー倍　25
スカラー倍に関する分配法則　27
正規直交基底　130
正規直交系　130
生成　102
正則　43
正則行列　31
成分表示　11
積　25
積に関する結合法則　28
積に関する分配法則　28
絶対値　3
零行列　27
零ベクトル　9
線形空間　99
線形空間の公理　99
線形空間の次元　117
相等　24

た 行

体　99
第 i 行　23
対角化　141
対角化可能　141

対角行列　30
対角成分　23
第 j 列　23
対称行列　30
代数学の基本定理　137
単位行列　27
単位ベクトル　9, 130
置換　48
直線のベクトル方程式　15
直交基底　130
直交行列　30
直交系　129
直交標準形　156
転置行列　29
トレース　135

な 行

内積　11, 127
2次超曲面　158
2次形式　155
ノルム　128

は 行

媒介変数　15
掃き出し法　75
等しい　24
複素共役行列　31
複素数　1
複素数体　99
複素数平面　3
符号　48, 157
部分空間　101
平面のベクトル方程式　17
ベクトル　9
ベクトル三重積　14
ベクトルの大きさ　9
ベクトルの組の階数　112
ベクトルの差　9
なす角　11
ベクトルの和　9
偏角　4

索　引

方向ベクトル　16
法線ベクトル　17

や　行

有向線分　9
ユニタリ行列　31, 149
余因子　55
余因子行列　64
余因子展開　55
要素　99

ら　行

Lagrange の公式　15
列　22

わ　行

和　24
和に関する結合法則　27
和に関する交換法則　27

著者略歴

江頭信二（えがしらしんじ）
- 1993年　東京大学大学院数理科学研究科博士課程修了
- 現　在　埼玉大学大学院理工学研究科助教，博士（数理科学）

榎本裕子（えのもとゆうこ）
- 2003年　早稲田大学大学院理工学研究科博士課程修了
- 現　在　芝浦工業大学システム理工学部准教授，博士（理学）

古城知己（こじょうともみ）
- 1978年　早稲田大学大学院理工学研究科博士課程単位取得満期退学
- 現　在　芝浦工業大学システム理工学部教授

鈴木輝一（すずききいち）
- 1976年　東北大学大学院工学研究科修士課程修了
- 現　在　埼玉大学大学院理工学研究科教授，博士（工学）

矢口裕之（やぐちひろゆき）
- 1991年　東京大学大学院工学研究科博士課程単位取得退学
- 現　在　埼玉大学大学院理工学研究科教授，博士（工学）

柳瀬郁夫（やなせいくお）
- 1999年　埼玉大学大学院理工学研究科博士課程修了
- 現　在　埼玉大学大学院理工学研究科准教授，博士（学術）

編著者略歴

長澤壯之（ながさわたけゆき）
- 1988年　慶應義塾大学大学院理工学研究科博士課程修了
- 現　在　埼玉大学大学院理工学研究科教授，理学博士

Ⓒ　長澤壯之　2013

2013年 4 月23日　初　版　発　行
2016年 3 月31日　初版第 2 刷発行

理工学のための
線　形　代　数

編著者　長澤壯之
発行者　山本　格

発行所　株式会社　培風館
東京都千代田区九段南4-3-12・郵便番号 102-8260
電話(03)3262-5256(代表)・振替 00140-7-44725

中央印刷・牧 製本
PRINTED IN JAPAN

ISBN978-4-563-00471-2　C3041